气象装备保障业务一体化运行手册

侯　柳　赵均壮　主编

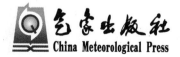
气象出版社
China Meteorological Press

内容简介

本书通过对现有省级运行的四套业务系统包括运行监控系统、动态管理系统、测试维修系统、计量检定系统的融合,形成省级装备保障业务一体化系统。建立标准的省级装备保障业务规范,以统一的数据资源池为基础,结合现有各业务系统已实现的功能与流程,通过切割与取舍部分功能,建立省级装备保障业务一体化平台,实现省级业务流程再造与标准化管理。

本书可供全国各省、市、县的装备保障人员参考。

图书在版编目(CIP)数据

气象装备保障业务一体化运行手册 / 侯柳,赵均壮
主编. — 北京 : 气象出版社,2019.11
ISBN 978-7-5029-6971-4

Ⅰ.①气… Ⅱ.①侯… ②赵… Ⅲ.①气象观测-装
备保障-气象业务自动化系统-手册 Ⅳ.①P415.1-62

中国版本图书馆 CIP 数据核字(2019)第 092981 号

Qixiang Zhuangbei Baozhang Yewu Yitihua Yunxing Shouce
气象装备保障业务一体化运行手册
侯　柳　赵均壮　主编

出版发行:气象出版社

地　　址:北京市海淀区中关村南大街 46 号	邮政编码:100081
电　　话:010-68407112(总编室)　010-68408042(发行部)	
网　　址:http://www.qxcbs.com	E-mail:qxcbs@cma.gov.cn
责任编辑:隋珂珂	终　　审:吴晓鹏
责任校对:王丽梅	责任技编:赵相宁
封面设计:博雅思企划	
印　　刷:三河市君旺印务有限公司	
开　　本:787 mm×1092 mm　1/16	印　　张:19.25
字　　数:508 千字	
版　　次:2019 年 11 月第 1 版	印　　次:2019 年 11 月第 1 次印刷
定　　价:88.00 元	

本书编委会

主   编：侯　柳　赵均壮

副 主 编：孙宜军　许晓东　郑　钢

委   员：王天天　邵　楠　李　巍　唐修雄

　　　　　刘　伟　丁岳强　黄　磊　方海涛

　　　　　罗　昶　朱礼和　牛　虎　潘　明

本书编写组

主   笔：刘　伟

撰 稿 人：卢　怡　夏璐怡　褚进华

前　言

　　中国气象局上海物资管理处(以下简称"物管处")成立于1954年,是中国气象局直属自收自支事业单位,承担着高空、地面、人工影响天气等各类气象装备以及国家级应急物资储备的供应保障工作,在全国气象部门的装备保障工作中长期发挥着作用。

　　从2000年至今,物管处承担着全国120个L波段探空系统的建设及大修任务;2009年,物管处建成了全国第一个自动土壤水分观测仪检测实验室,承担着国家"土壤水分自动观测工程"设备的出厂验收及后期的电气性能核查,推进了业务化建设进程。

　　作为综合技术保障部门,物管处缺乏对这些气象探测设备的计量检定、运行监控、维修维护等装备保障工作的信息化管理手段,难以全面保证现有观测系统的运行质量和效益发挥。因此,物管处于2016年接受中国气象局的委托,承建"装备保障业务一体化系统"(以下简称"省一体化系统")将各省内原来分别独立开发运行的运行监控系统、动态管理系统、测试维修系统、计量检定系统进行统一融合,在省级形成了统一数据支撑、业务支撑和全流程的装备保障和业务管理,为全国气象装备全寿命周期的管理打下了良好的基础。该系统在2018年9月30日完成全国部署,并于2019年1月21日正式开始业务试运行。

　　本书从2017年初开始编写,期间由于系统的优化、功能的增加等原因,经过多次修订。本手册仅用于全国各省、市、县的装备保障人员,目的在于指导用户使用省一体化系统,以便完成相应业务功能操作。本手册按照省、市、县三级各自不同的业务职责进行编写,常见问题解答基本包含了省一体化系统自2017年试点省试运行开始用户所提出的常见问题。为了给读者直观的展示,书中提供了大量系统界面的截图,这些图仅起操作提示的作用,读者在操作过程中可以一一对应,为了不影响正文的连续性,书中对操作类截图未加图号和图说。

　　本书第1、2、3章由卢怡参与编写,第4章由刘伟、卢怡、夏璐怡、褚进华参与编写,第5章由刘伟编写,全书由刘伟负责统稿。

中国气象局上海物资管理处

2019年8月14日

　　本书相关的培训视频资料见:https://pan.baidu.com/s/1mT5clLEUMFTSHoJC0ZDCYA

　　提取码:192m

目　　录

1　使用环境

1.1　使用环境

本系统建议使用谷歌浏览器。

如果选择使用 IE 浏览器，建议使用 9.0 以上的 IE 版本。9.0 以下 IE 版本不兼容本系统。

如果选择火狐或 360 浏览器，需要设定浏览为兼容模式。

1.2　使用诊断

如果遇到下述问题，切换至谷歌浏览器即可解决：

(1)无法正常加载页面。

(2)画面排版不正常。

(3)点击按钮后无法正常执行操作。

(4)无法正常显示地图。

因为浏览器的不同，画面所展示的颜色、布局略有细微差别，不影响使用。

2 业务整体流程图

装备保障综合管理系统的整体业务流程如下图所示。

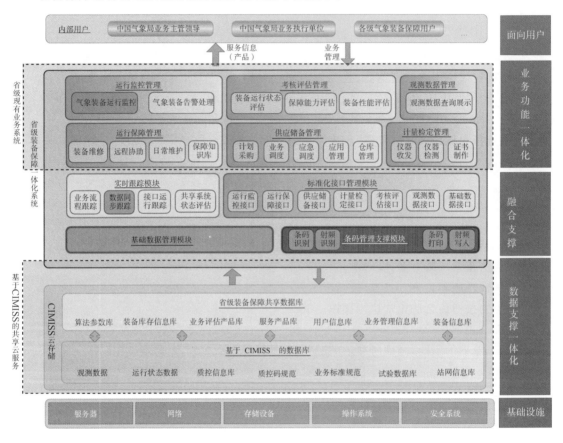

3 系统功能概述

3.1 业务功能一览表

序号	业务过程ID	业务过程名称	功能模块ID	功能模块名称	功能概述	使用频率	级别	备注说明
1	B01	运行监控	B0101	国家自动站		高	高	
2			B0102	区域自动站		高	高	
3			B0103	自动土壤水分站		高	高	
4			B0104	新一代天气雷达		高	高	
5			B0105	探空雷达		高	高	
6			B0106	风廓线雷达		高	高	
7			B0107	风能观测站		高	高	
8			B0108	大气成分站		高	高	
9			B0109	雷电监测站		高	高	
10			B0110	GPS/MET水汽站		高	高	
11			B0111	异常站点监控		高	高	
12	B02	观测数据	B0201	国家自动站		高	高	
13			B0202	区域自动站		高	高	
14			B0203	自动土壤水分站		高	高	
15			B0204	新一代天气雷达		高	高	
16			B0205	探空雷达		高	高	
17			B0206	风廓线雷达		高	高	
18			B0207	风能观测站		高	高	
19			B0208	大气成分站		高	高	
20			B0209	雷电监测站		高	高	
21	B03	站网信息	B0301	组织地域管理		高	高	
22			B0302	站网信息管理		高	高	
23			B0303	站网信息统计		高	高	
24			B0304	站网人员管理		高	高	
25			B0305	站点告警配置		高	高	
26			B0306	基础码表管理		高	高	
27			B0307	质量控制参数配置		高	高	
28			B0308	站点通用配置		高	高	
29	B04	维护维修	B0401	告警管理		高	高	

续表

序号	业务过程 ID	业务过程名称	功能模块 ID	功能模块名称	功能概述	使用频率	级别	备注说明
30			B0402	停机通知		高	高	
31			B0403	故障单管理		高	高	
32			B0404	维护单管理		高	高	
33			B0405	知识库管理		中	中	
34	B05	计量检定管理				低	低	
35	B06	供应管理	B0601	计划管理		高	高	
36			B0602	合同管理		高	高	
37			B0603	账单管理		高	高	
38			B0604	使用管理		高	高	
39			B0605	盘点管理		高	高	
40			B0606	仓储管理		高	高	
41			B0607	统计查询		高	高	
42			B0608	文件管理		高	高	
43			B0609	配置管理		高	高	
44	B07	运行评估	B0701	国家自动站运行评估		高	高	
45			B0702	区域自动站运行评估		高	高	
46			B0703	自动土壤水分站运行评估		高	高	
47			B0704	新一代天气雷达运行评估		高	高	
48			B0705	探空雷达运行评估		高	高	
49			B0706	风廓线雷达运行评估		高	高	
50			B0707	风能观测站		高	高	
51			B0708	大气成分站运行评估		高	高	
52			B0709	雷电监测站运行评估		高	高	
53			B0710	GPS/MET 水汽站运行评估		高	高	
54	B08	信息发布	B0801	外部系统链接		中	中	
55			B0902	接口记录管理		高	高	
56			B0903	公布内容管理		中	中	
57			B0904	告警发布		高	高	
58	B10	系统管理	B1001	系统监控		中	中	
59			B1002	权限管理		低	低	
60			B1004	日志管理		低	低	

3.2 系统通用功能操作指南

3.2.1 系统登录

系统欢迎页面如下图所示。

输入用户名密码或者点击游客登录后页面如下图所示。

在页面的右上角有"设置""退出"两个功能按钮。

➤ 用户个人设置：

用户登录成功后，页面右上角会显示"设置""退出"两个功能按钮。

点击进入"设置"页面，如下图所示。

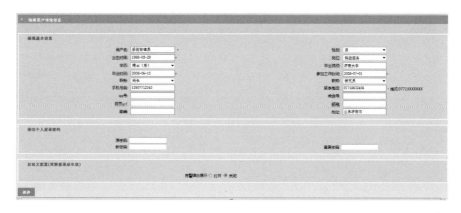

用户可以编辑个人基本信息、修改密码以及设置是否弹出告警提示等操作。

3.2.2　通用功能说明

➤ 查询列表功能菜单区

翻页功能：依照下图所示框内按钮顺序，功能分别为第一页、上一页、下一页、最末页。

当前为第一页时，上一页和第一页按钮不可用（置灰状态），点击下一页，则进行翻页，点击最后一页按钮，则显示最后一页数据。

每页显示数据条数：10、20、50、100、200、全部；部分功能显示的条数会有所不同（例如：观测数据—国家站单站数据查询，只能选择每页显示 24 条）。

导出文件：xls 文件

可以对应 xls 文件导出功能以及打印功能；可以将查询出的结果数据打印或者以不同文件类型导出。

如果功能菜单区没有对应的图标，则表示不具备该功能。

4 业务流程说明

4.1 省级/市级人员业务说明

4.1.1 站网管理

4.1.1.1 组织地域管理

4.1.1.1.1 组织管理

组织管理界面如下图所示。

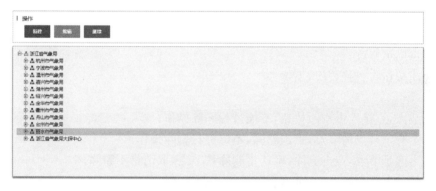

界面主要分为上下两部分,分别为按钮区和功能显示区。

➢ 新建

新建界面如下图所示。

未选择上级节点,直接点击新建将创建一个根节点;

选择任一节点,点击新建,将以选中的节点为父节点,创建它的子节点。

点击新建后将弹出新建界面,其中带有红色"＊"号标识的为必填项,如果不填将不能保存;

进入新建页面后上级节点为默认值,不可修改;

点击关闭按钮将直接关闭,不保存。

➢ 编辑

编辑界面如下图所示。

未选择节点,直接点击编辑,不能进行编辑操作;

选择任一节点,点击编辑,将对选择的节点进行编辑;

点击编辑弹出的界面和新建页面是一样的,可以对其中的内容进行修改,点击"保存"将保存修改后的信息;

带有红色"＊"号标识的为必选项,不能清空,否则不能保存;

上级节点不可修改;

点击关闭按钮将直接关闭,不保存。

➢ 删除

未选择节点,直接点击删除按钮,不能进行删除操作;

选择一个有子节点的节点,点击删除,不能进行删除操作;

选择一个叶子节点,点击删除,确认将删除该节点,取消将不删除;

所有叶子节点都删除以后,可以删除上级节点。

4.1.1.1.2　行政区划管理

行政区划管理界面如下图所示。

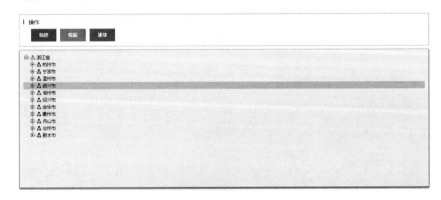

界面主要分为上下两部分,分别为按钮区和功能显示区。

➤ 新建

新建界面如下图所示。

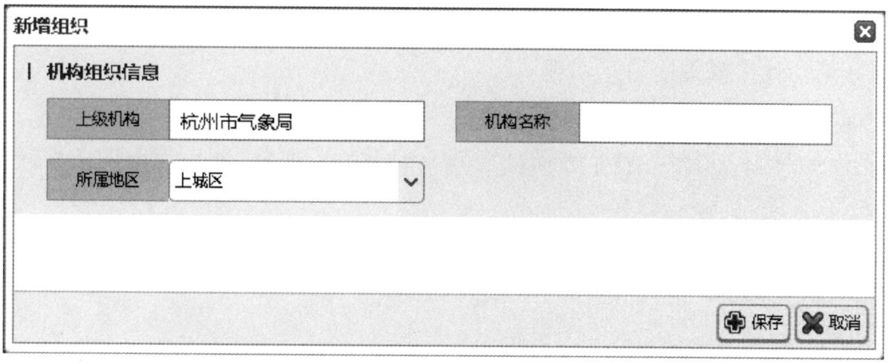

未选择上级节点,直接点击新建将创建一个根节点;

选择任一节点,点击新建,将以选中的节点为父节点,创建它的子节点。

点击新建后将弹出新建界面,其中带有红色"＊"号标识的为必填项,如果不填将不能保存;

进入新建页面后上级节点为默认值,不可修改;

点击关闭按钮将直接关闭,不保存。

➤ 编辑

编辑界面如下图所示。

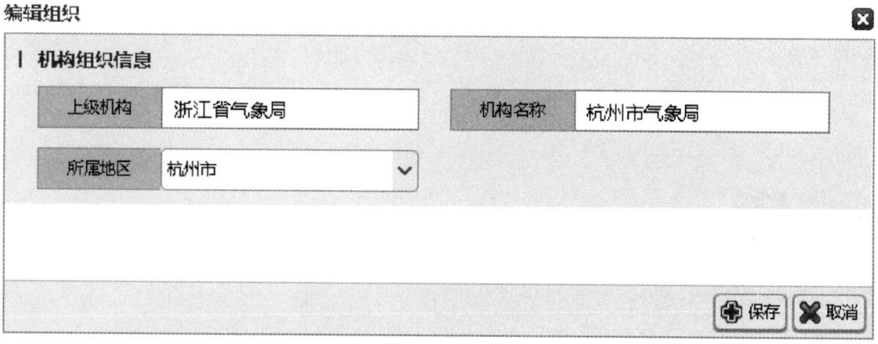

未选择节点,直接点击编辑,不能进行编辑操作;

选择任一节点,点击编辑,将对选择的节点进行编辑;

点击编辑弹出的界面和新建页面是一样的,可以对其中的内容进行修改,点击保存将保存修改后的信息;

带有红色"＊"号标识的为必选项,不能清空,否则不能保存;

上级节点不可修改;

点击关闭按钮将直接关闭,不保存。

➤ 删除

未选择节点,直接点击删除按钮,不能进行删除操作;

选择一个有子节点的节点,点击删除,不能进行删除操作;

选择一个叶子节点,点击删除,确认将删除该节点,取消将不删除;

所有叶子节点都删除以后,可以删除上级节点。

4.1.1.2　站网信息管理

4.1.1.2.1　新一代天气雷达站点管理

Ⅰ.查询

查询页面如图 4.1 所示。整个界面从上到下划分为 4 部分,分别为查询条件区、按钮区、列表显示区、功能菜单区。

1. 查询条件区

查询条件设有省(区)市县与站点名称,站点类型作为隐藏条件。

2. 按钮区

(1)查询—根据查询条件查询出数据显示在列表显示区;

(2)重置—初始化所有的查询条件;

(3)新建—打开站点新建页面。

3. 列表显示区

作用是显示查询出来的站点信息。

4. 功能菜单区

(1)翻页功能:第一页、上一页、下一页、最末页;

(2)页码输入:直接输入要查看的页码,点击右箭头或者按回车,直接跳到该页;

(3)每页显示数据条数:10、20、50、100、200、全部;

(4)导出文件:xls 文件、csv 文件、pdf 文件、打印功能。

图 4.1　新一代天气雷达站点管理查询页面

Ⅱ.编辑

编辑页面如图 4.2 所示。由图 4.1 中编辑所在行中操作列中编辑链接进入编辑页面。整个界面从上到下划分为两部分,分别为信息编辑区与按钮区。

1. 信息编辑区

信息编辑页面,带有红色“＊”号标识的为必填项,如若不填写,将会提示友好信息且不能保存成功。

2. 按钮区

(1)保存—验证所有必填写项,如若不通过,则提示友好提示信息,反之则进行编辑操作,操作成功会进行编辑成功提示;

(2)关闭—关闭编辑对话框。

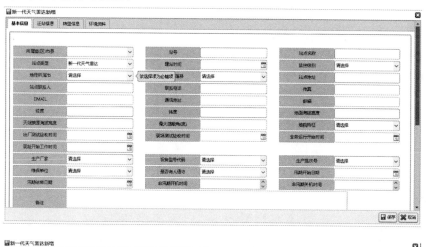

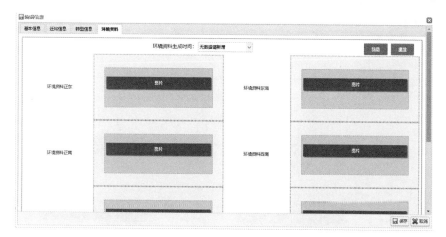

图 4.2　新一代天气雷达站点编辑页面

Ⅲ.详细

由图 4.1 中详细所在行中操作列中详细链接进入详细页面。整个界面从上到下划分为两部分,分别为信息浏览区与按钮区。

1. 信息浏览区

所有信息浏览区域。

2. 按钮区

关闭—关闭详细对话框。

Ⅳ. 删除

由图 4.1 中查询出列操作中删除链接进行删除。

Ⅴ. 新建

点击图 4.1 中按钮区新建按钮,打开新建页面。

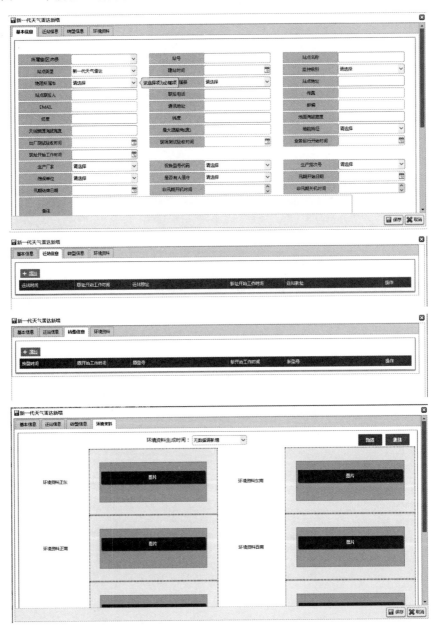

整个界面从上到下划分为两部分,分别为信息新建区与按钮区。

1. 信息新建区

信息新建页面,带有红色"＊"号标识的为必填项,如若不填写,将会提示友好信息且不能保存成功。

2. 按钮区

保存—验证所有必填写项,如若不通过,则提示友好提示信息,反之则进行保存操作,操作成功会进行保存成功提示。

4.1.1.2.2　风廓线雷达站点管理

Ⅰ.查询

查询页面如图4.3所示。整个界面从上到下划分为4部分,分别为查询条件区、按钮区、列表显示区、功能菜单区。

1. 查询条件区

查询条件区设有区市县、站点类型与站点名称。

2. 按钮区

(1)查询—根据查询条件查询出数据显示在列表显示区;

(2)重置—初始化所有的查询条件。

3. 列表显示区

作用是显示查询出来的站点信息。

4. 功能菜单区

(1)翻页功能:第一页、上一页、下一页、最末页;

(2)页码输入:直接输入要查看的页码,点击右箭头或者按回车,直接跳到该页;

(3)每页显示数据条数:10、20、50、100、200、全部;

(4)导出文件:xls文件、csv文件、pdf文件、打印功能。

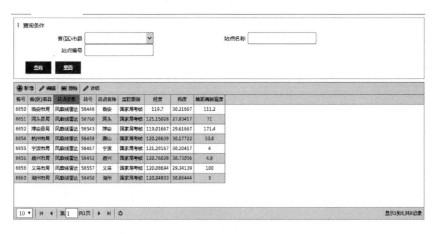

图4.3　风廓线雷达站点管理查询页面

Ⅱ.编辑

编辑页面如图4.4所示。由图4.3中编辑所在行中操作列中编辑链接进入编辑页面。整个界面从上到下划分为两部分,分别为信息编辑区与按钮区。

1. 信息编辑区

信息编辑页面,带有红色"﹡"号标识的为必填项,如若不填写,将会提示友好信息且不能保存成功;

2. 按钮区

(1)保存—验证所有必填写项,如若不通过,则提示友好提示信息,反之则进行编辑操作,操作成功会进行编辑成功提示。

(2)关闭—关闭编辑对话框。

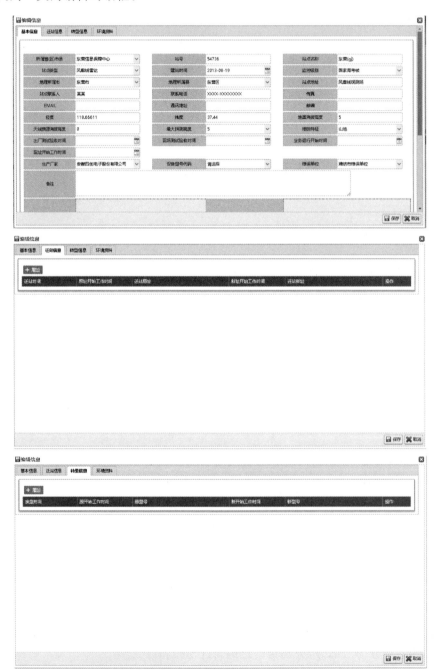

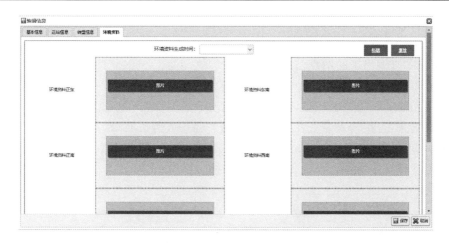

图 4.4 风廓线雷达站点编辑页面

Ⅲ. 详细

由图 4.3 中详细所在行中操作列中详细链接进入详细页面。整个界面从上到下划分为两部分,分别为信息浏览区与按钮区。

1. 信息浏览区

所有信息浏览区域。

2. 按钮区

关闭—关闭详细对话框。

Ⅳ. 删除

由图 4.3 中查询出列操作中删除链接进行删除。

Ⅴ. 新建

点击图 4.3 中按钮区新建按钮,打开新建页面。

整个界面从上到下划分为两部分,分别为信息新建区与按钮区。

1. 信息新建区

信息新建页面,带有红色"＊"号标识的为必填项,如若不填写,将会提示友好信息且不能保存成功。

2. 按钮区

保存—验证所有必填写项,如若不通过,则提示友好提示信息,反之则进行保存操作,操作成功会进行保存成功提示。

4.1.1.2.3 探空系统站点管理

Ⅰ. 查询

查询页面如图 4.5 所示。整个界面从上到下划分为 4 部分,分别为查询条件区、按钮区、列表显示区、功能菜单区。

1. 查询条件区

查询条件区设有区市县、站点类型与站点名称。

2. 按钮区

(1)查询—根据查询条件查询出数据显示在列表显示区;

（2）重置—初始化所有的查询条件。

3．列表显示区

作用是显示查询出来的站点信息。

4．功能菜单区

（1）翻页功能：第一页、上一页、下一页、最末页；

（2）页码输入：直接输入要查看的页码，点击右箭头或者按回车，直接跳到该页；

（3）每页显示数据条数：10、20、50、100；

（4）导出文件：xls 文件、csv 文件、pdf 文件、打印功能。

图 4.5　控空系统站点管理查询页面

Ⅱ．编辑

编辑页面如图 4.6 所示。由图 4.5 中编辑所在行中操作列中编辑链接进入编辑页面。整个界面从上到下划分为两部分，分别为信息编辑区与按钮区。

1．信息编辑区

信息编辑页面，带有红色"＊"号标识的为必填项，如若不填写，将会提示友好信息且不能保存成功。

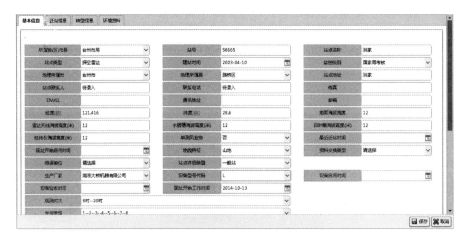

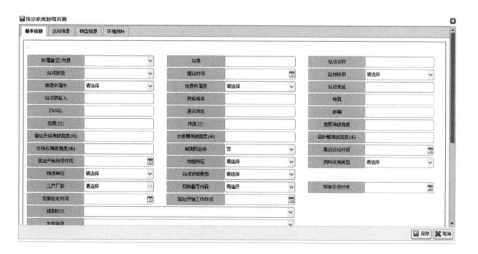

图 4.6　控空系统站点编辑页面

2. 按钮区

（1）保存—验证所有必填写项，如若不通过，则提示友好提示信息，反之则进行编辑操作，操作成功会进行编辑成功提示；

（2）关闭—关闭编辑对话框。

Ⅲ. 详细

由图 4.5 中详细所在行中操作列中详细链接进入详细页面。整个界面从上到下划分为两部分，分别为信息浏览区与按钮区。

1. 信息浏览区

所有信息浏览区域。

2. 按钮区

关闭—关闭详细对话框。

Ⅳ. 删除

由图 4.5 中查询出列操作中删除链接进行删除。

Ⅴ. 新建

点击图 4.5 中按钮区新建按钮，打开新建页面。

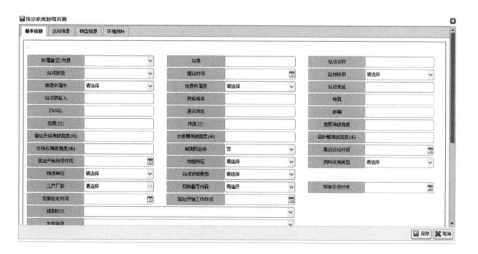

整个界面从上到下划分为两部分,分别为信息新建区与按钮区。

1. 信息新建区

信息新建页面,带有红色"*"号标识的为必填项,如若不填写,将会提示友好信息且不能保存成功,其中迁站信息、环境资料、换型参考新一代天气雷达编辑页面。

2. 按钮区

保存—验证所有必填写项,如若不通过,则提示友好提示信息,反之则进行保存操作,操作成功会进行保存成功提示。

4.1.1.2.4　国家自动站站点管理

Ⅰ.查询

查询页面如图 4.7 所示。整个界面从上到下划分为 4 部分,分别为查询条件区、按钮区、列表显示区、功能菜单区。

1. 查询条件区

查询条件区设有区市县、站点类型与站点名称。

2. 按钮区

(1)查询—根据查询条件查询出数据显示在列表显示区;

(2)重置—初始化所有的查询条件。

3. 列表显示区

作用是显示查询出来的站点信息。

图 4.7　国家自动站站点管理查询页面

4．功能菜单区

(1)翻页功能：第一页、上一页、下一页、最末页；

(2)页码输入：直接输入要查看的页码，点击右箭头或者按回车，直接跳到该页；

(3)每页显示数据条数：10、20、50、100、200、全部；

(4)导出文件：xls 文件、csv 文件、pdf 文件、打印功能。

Ⅱ．编辑

编辑页面如图 4.8 所示。由图 4.7 中编辑所在行中操作列中编辑链接进入编辑页面。整个界面从上到下划分为两部分，分别为信息编辑区与按钮区。

1．信息编辑区

信息编辑页面，带有红色"＊"号标识的为必填项，如若不填写，将会提示友好信息且不能保存成功；换型信息、环境资料、迁站信息参考新一代天气雷达。

2．按钮区

(1)保存—验证所有必填写项，如若不通过，则提示友好提示信息，反之则进行编辑操作，操作成功会进行编辑成功提示；

(2)关闭—关闭编辑对话框。

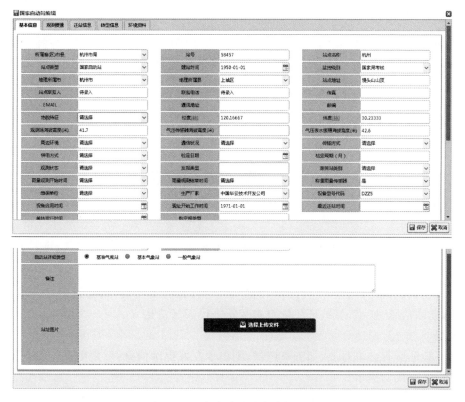

图 4.8　国家自动站站点编辑页面

Ⅲ．详细

由图 4.7 中详细所在行中操作列中详细链接进入详细页面。整个界面从上到下划分为两部分，分别为信息浏览区与按钮区。

1. 信息浏览区

所有信息浏览区域。

2. 按钮区

关闭—关闭详细对话框。

Ⅳ.删除

由图 4.7 中查询出列操作中删除链接进行删除。

Ⅴ.新建

国家自动站站点新建页面如下图所示。

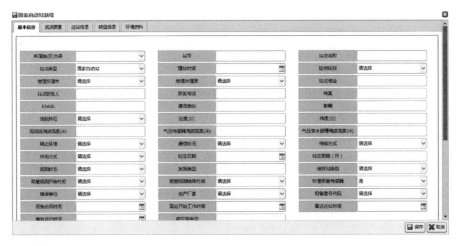

整个界面从上到下划分为两部分,分别为信息新建区与按钮区。

1. 信息新建区

信息新建页面,带有红色"＊"号标识的为必填项,如若不填写,将会提示友好信息且不能保存成功;迁站信息、换型记录、环境资料参考新一代天气雷达。

2. 按钮区

保存—验证所有必填写项,如若不通过,则提示友好提示信息,反之则进行保存操作,操作成功会进行保存成功提示。

4.1.1.2.5 区域自动站站点管理

Ⅰ.查询

查询页面如图 4.9 所示。整个界面从上到下划分为 4 部分,分别为查询条件区、按钮区、列表显示区、功能菜单区。

1. 查询条件区

查询条件区设有区市县、站点类型与站点名称。

2. 按钮区

(1)查询—根据查询条件查询出数据显示在列表显示区；

(2)重置—初始化所有的查询条件。

3. 列表显示区

作用是显示查询出来的站点信息。

4. 功能菜单区

(1)翻页功能：第一页、上一页、下一页、最末页；

(2)页码输入：直接输入要查看的页码，点击右箭头或者按回车，直接跳到该页；

(3)每页显示数据条数：10、20、50、100、200、全部；

(4)导出文件：xls 文件、csv 文件、pdf 文件、打印功能。

图 4.9　区域自动站站点管理查询页面

Ⅱ. 编辑

编辑页面如图 4.10 所示。由图 4.9 中编辑所在行中操作列中编辑链接进入编辑页面。整个界面从上到下划分为两部分，分别为信息编辑区与按钮区。

图 4.10　区域自动站站点编辑页面

1. 信息编辑区

信息编辑页面,带有红色"＊"号标识的为必填项,如若不填写,将会提示友好信息且不能保存成功;迁站信息、换型记录、环境资料参考新一代天气雷达。

2. 按钮区

(1)保存—验证所有必填写项,如若不通过,则提示友好提示信息,反之则进行编辑操作,操作成功会进行编辑成功提示;

(2)关闭—关闭编辑对话框。

Ⅲ.详细

由图 4.9 中详细所在行中操作列中详细链接进入详细页面。整个界面从上到下划分为两部分,分别为信息浏览区与按钮区。

1. 信息浏览区

所有信息浏览区域。

2. 按钮区

关闭—关闭详细对话框。

Ⅳ.删除

由图 4.9 中查询出列操作中删除链接进行删除。

Ⅴ.新建

整个界面从上到下划分为两部分,分别为信息新建区与按钮区。

1. 信息新建区

信息新建页面,带有红色"＊"号标识的为必填项,如若不填写,将会提示友好信息且不能保存成功;迁站信息、换型记录、环境资料参考新一代天气雷达。

2. 按钮区

保存—验证所有必填写项,如若不通过,则提示友好提示信息,反之则进行保存操作,操作成功会进行保存成功提示。

4.1.1.1.2.6　自动土壤水分站站点管理

Ⅰ.查询

查询页面如图4.11所示。整个界面从上到下划分为4部分,分别为查询条件区、按钮区、列表显示区、功能菜单区。

编号	省(区)市县	站点类型	站号	站点名称	监控观测	经度	纬度	观测场海拔高度	供电方式	传输方式
8792	衢州市局	土壤水分观测站	K7509	衢州	国家局考核	118.86667	28.98333	78.0	市电	有线
8793	江山市局	土壤水分观测站	K7121	江山	国家局考核	118.50583	28.47028	213.6	市电	有线
8795	海盐县局	土壤水分观测站	58458	海盐	国家局考核	120.9	30.53333	3.2	市电	有线
8796	嘉善县局	土壤水分观测站	58451	嘉善	国家局考核	120.93333	30.83333	2.6	市电	有线
8798	平湖市局	土壤水分观测站	58464	平湖	国家局考核	121.08333	30.61667	5.4	市电	有线
8799	临安县局	土壤水分观测站	58448	临安	国家局考核	119.68333	30.23333	47.0	市电	有线
8800	龙游县局	土壤水分观测站	58547	龙游南	国家局考核	119.18333	29.03333	66.2	市电	有线
8801	龙游县局	土壤水分观测站	K7999	龙游北	国家局考核	119.10861	29.20389	143.0	市电	有线
8820	淳安县局	土壤水分观测站	58543	淳安	国家局考核	119.0325	29.60611	171.4	市电	有线
8821	嘉兴市局	土壤水分观测站	58452	嘉兴	国家局考核	120.76667	30.73333	3.1	市电	有线

图4.11　区域土壤水分站站点管理查询页面

1. 查询条件区

查询条件区设有区市县、站点类型与站点名称。

2. 按钮区

(1)查询—根据查询条件查询出数据显示在列表显示区;

(2)重置—初始化所有的查询条件。

3. 列表显示区

作用是显示查询出来的站点信息。

4. 功能菜单区

(1)翻页功能:第一页、上一页、下一页、最末页;

（2）页码输入：直接输入要查看的页码，点击右箭头或者按回车，直接跳到该页；

（3）每页显示数据条数：10、20、50、100、200、全部；

（4）导出文件：xls 文件、csv 文件、pdf 文件、打印功能。

Ⅱ. 编辑

编辑页面如图 4.12 所示。由图 4.11 中编辑所在行中操作列中编辑链接进入编辑页面。整个界面从上到下划分为两部分，分别为信息编辑区与按钮区。

1. 信息编辑区

信息编辑页面，带有红色"＊"号标识的为必填项，如若不填写，将会提示友好信息且不能保存成功。

2. 按钮区

（1）保存—验证所有必填写项，如若不通过，则提示友好提示信息，反之则进行编辑操作，操作成功会进行编辑成功提示；

（2）关闭—关闭编辑对话框。

图 4.12　自动土壤水分站站点编辑页面

Ⅲ. 详细

由图 4.11 中详细所在行中操作列中详细链接进入详细页面。整个界面从上到下划分为两部分，分别为信息浏览区与按钮区。

1. 信息浏览区

所有信息浏览区域。

2. 按钮区

关闭—关闭详细对话框。

Ⅳ.删除

由图 4.11 中查询出列操作中删除链接进行删除。

Ⅴ.新建

整个界面从上到下划分为两部分,分别为信息新建区与按钮区。

1. 信息新建区

信息新建页面,带有红色"＊"号标识的为必填项,如若不填写,将会提示友好信息且不能保存成功。

2. 按钮区

保存—验证所有必填写项,如若不通过,则提示友好提示信息,反之则进行保存操作,操作成功会进行保存成功提示。

4.1.1.2.7 GPS/MET 站点管理

Ⅰ.查询

查询页面如图 4.13 所示。整个界面从上到下划分为 4 部分,分别为查询条件区、按钮区、列表显示区、功能菜单区。

1. 查询条件区

查询条件区设有区市县、站点类型与站点名称。

2. 按钮区

(1)查询—根据查询条件查询出数据显示在列表显示区;

(2)重置—初始化所有的查询条件。

3. 列表显示区

作用是显示查询出来的站点信息。

4. 功能菜单区

(1)翻页功能:第一页、上一页、下一页、最末页;

(2)页码输入:直接输入要查看的页码,点击右箭头或者按回车,直接跳到该页;

(3)每页显示数据条数:10、20、50、100、200、全部;

(4)导出文件:xls 文件、csv 文件、pdf 文件、打印功能。

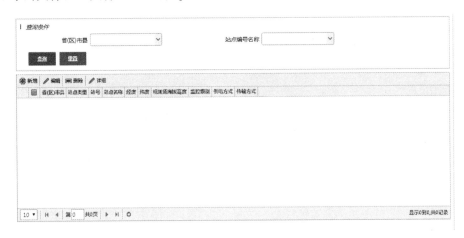

图 4.13　GPS/MET 站点管理查询页面

Ⅱ. 编辑

编辑页面如图 4.14 所示。由图 4.13 中编辑所在行中操作列中编辑链接进入编辑页面。整个界面从上到下划分为两部分,分别为信息编辑区与按钮区。

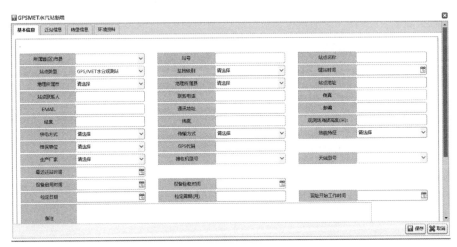

图 4.14　GPS/MET 站点编辑页面

1. 信息编辑区

信息编辑页面,带有红色"＊"号标识的为必填项,如若不填写,将会提示友好信息且不能保存成功。

2. 按钮区

(1)保存—验证所有必填写项,如若不通过,则提示友好提示信息,反之则进行编辑操作,

操作成功会进行编辑成功提示;

(2)关闭—关闭编辑对话框。

Ⅲ.详细

由图 4.13 中详细所在行中操作列中详细链接进入详细页面。整个界面从上到下划分为两部分,分别为信息浏览区与按钮区。

1. 信息浏览区

所有信息浏览区域。

2. 按钮区

关闭—关闭详细对话框。

Ⅳ.删除

由图 4.13 中查询出列操作中删除链接进行删除。

Ⅴ.新建

整个界面从上到下划分为两部分,分别为信息新建区与按钮区。

1. 信息新建区

信息新建页面,带有红色"﹡"号标识的为必填项,如若不填写,将会提示友好信息且不能保存成功。

2. 按钮区

保存—验证所有必填写项,如若不通过,则提示友好提示信息,反之则进行保存操作,操作成功会进行保存成功提示。

4.1.1.2.8　雷电监测站站点管理

Ⅰ.查询

查询页面如图 4.15 所示。整个界面从上到下划分为 4 部分,分别为查询条件区、按钮区、列表显示区、功能菜单区。

1. 查询条件区

查询条件区设有区市县、站点类型与站点名称。

2. 按钮区

(1)查询—根据查询条件查询出数据显示在列表显示区;

（2）重置—初始化所有的查询条件。

3. 列表显示区

作用是显示查询出来的站点信息。

4. 功能菜单区

（1）翻页功能：第一页、上一页、下一页、最末页；

（2）页码输入：直接输入要查看的页码，点击右箭头或者按回车，直接跳到该页；

（3）每页显示数据条数：10、20、50、100、200、全部；

（4）导出文件：xls 文件、csv 文件、pdf 文件、打印功能。

图 4.15　雷电监测站站点管理查询页面

Ⅱ.编辑

编辑页面如图 4.16 所示。由图 4.15 中编辑所在行中操作列中编辑链接进入编辑页面。整个界面从上到下划分为两部分，分别为信息编辑区与按钮区。

1. 信息编辑区

信息编辑页面，带有红色"＊"号标识的为必填项，如若不填写，将会提示友好信息且不能保存成功。

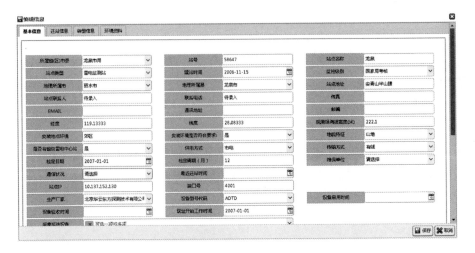

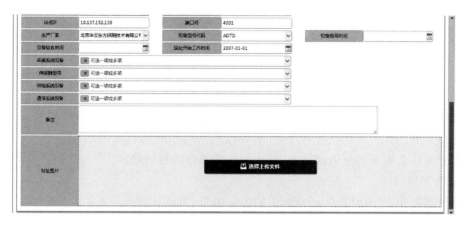

图 4.16　雷电监测站站点编辑页面

2. 按钮区

(1)保存—验证所有必填写项,如若不通过,则提示友好提示信息,反之则进行编辑操作,操作成功会进行编辑成功提示;

(2)关闭—关闭编辑对话框。

Ⅲ. 详细

由图 4.15 中详细所在行中操作列中详细链接进入详细页面。整个界面从上到下划分为两部分,分别为信息浏览区与按钮区。

1. 信息浏览区

所有信息浏览区域;

2. 按钮区

关闭—关闭详细对话框。

Ⅳ. 删除

由图 4.15 中查询出列操作中删除链接进行删除。

Ⅴ. 新建

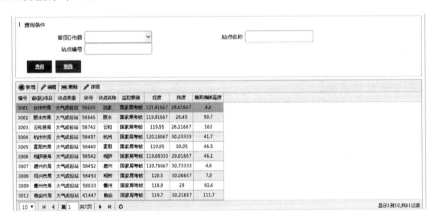

整个界面从上到下划分为两部分,分别为信息新建区与按钮区。

1. 信息新建区

信息新建页面,带有红色"＊"号标识的为必填项,如若不填写,将会提示友好信息且不能保存成功。

2. 按钮区

保存—验证所有必填写项,如若不通过,则提示友好提示信息,反之则进行保存操作,操作成功会进行保存成功提示。

4.1.1.2.9 大气成分站站点管理

Ⅰ.查询

查询页面如图4.17所示。整个界面从上到下划分为4部分,分别为查询条件区、按钮区、列表显示区、功能菜单区。

编号	省(区)市县	站点类型	站号	站点名称	监控级别	经度	纬度	地面海拔高度
3001	台州市局	大气成份站	58665	洪家	国家局考核	121.41667	28.61667	4.6
3002	丽水市局	大气成份站	58646	丽水	国家局考核	119.91667	28.45	59.7
3003	云和县局	大气成份站	58742	云和	国家局考核	119.55	28.11667	163
3004	杭州市局	大气成份站	58457	杭州	国家局考核	120.16667	30.23333	41.7
3005	富阳市局	大气成份站	58449	富阳	国家局考核	119.95	30.05	46.5
3006	桐庐县局	大气成份站	58542	桐庐	国家局考核	119.68333	29.81667	46.1
3007	嘉兴市局	大气成份站	58452	嘉兴	国家局考核	120.76667	30.73333	4.8
3008	绍兴市局	大气成份站	58453	柯桥	国家局考核	120.5	30.06667	7.9
3009	衢州市局	大气成份站	58633	衢州	国家局考核	118.9	29	82.4
3012	临安市局	大气成份站	K1447	临安	国家局考核	119.7	30.21667	111.7

图4.17 大气成分站站点管理查询页面

1. 查询条件区

查询条件区设有区市县、站点类型与站点名称。

2. 按钮区

(1)查询—根据查询条件查询出数据显示在列表显示区;

(2)重置—初始化所有的查询条件。

3. 列表显示区

作用是显示查询出来的站点信息。

4. 功能菜单区

(1)翻页功能:第一页、上一页、下一页、最末页;

（2）页码输入：直接输入要查看的页码，点击右箭头或者按回车，直接跳到该页；

（3）每页显示数据条数：10、20、50、100、200、全部；

（4）导出文件：xls 文件、csv 文件、pdf 文件、打印功能。

Ⅱ.编辑

编辑页面如图 4.18 所示。由图 4.17 中编辑所在行中操作列中编辑链接进入编辑页面。整个界面从上到下划分为两部分，分别为信息编辑区与按钮区。

1. 信息编辑区

信息编辑页面，带有红色"＊"号标识的为必填项，如若不填写，将会提示友好信息且不能保存成功。

2. 按钮区

（1）保存—验证所有必填写项，如若不通过，则提示友好提示信息，反之则进行编辑操作，操作成功会进行编辑成功提示；

（2）关闭—关闭编辑对话框。

图 4.18 大气成分站站点编辑页面

Ⅲ. 详细

由图4.17中详细所在行中操作列中详细链接进入详细页面。整个界面从上到下划分为两部分,分别为信息浏览区与按钮区。

1. 信息浏览区

所有信息浏览区域。

2. 按钮区

关闭—关闭详细对话框。

Ⅳ. 删除

由图4.17中查询出列操作中删除链接进行删除。

Ⅴ. 新建

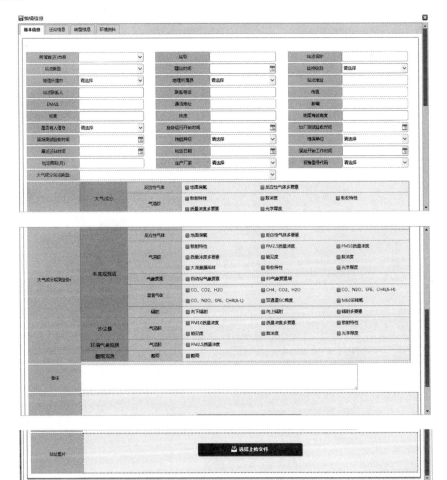

整个界面从上到下划分为两部分,分别为信息新建区与按钮区。

1. 信息新建区

信息新建页面,带有红色"﹡"号标识的为必填项,如若不填写,将会提示友好信息且不能保存成功。

2. 按钮区

保存—验证所有必填写项,如若不通过,则提示友好提示信息,反之则进行保存操作,操作成功会进行保存成功提示。

4.1.1.2.10 风能观测站站点管理

Ⅰ.查询

查询页面如图 4.19 所示。整个界面从上到下划分为 4 部分,分别为查询条件区、按钮区、列表显示区、功能菜单区。

1.查询条件区

查询条件区设有区市县、站点类型与站点名称。

2.按钮区

(1)查询—根据查询条件查询出数据显示在列表显示区;

(2)重置—初始化所有的查询条件。

3.列表显示区

作用是显示查询出来的站点信息。

4.功能菜单区

(1)翻页功能:第一页、上一页、下一页、最末页;

(2)页码输入:直接输入要查看的页码,点击右箭头或者按回车,直接跳到该页;

(3)每页显示数据条数:10、20、50、100、200、全部;

(4)导出文件:xls 文件、csv 文件、pdf 文件、打印功能。

图 4.19　风能观测站点管理查询页面

Ⅱ.编辑

编辑页面如图 4.20 所示。由图 4.19 中编辑所在行中操作列中编辑链接进入编辑页面。整个界面从上到下划分为两部分,分别为信息编辑区与按钮区。

1.信息编辑区

信息编辑页面,带有红色"＊"号标识的为必填项,如若不填写,将会提示友好信息且不能保存成功。

2.按钮区

(1)保存—验证所有必填写项,如若不通过,则提示友好提示信息,反之则进行编辑操作,操作成功会进行编辑成功提示;

(2)关闭—关闭编辑对话框。

Ⅲ.详细

由图 4.19 中详细所在行中操作列中详细链接进入详细页面。整个界面从上到下划分为两部分,分别为信息浏览区与按钮区。

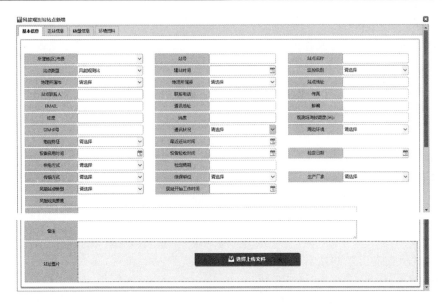

图 4.20　风能观测站点编辑页面

1. 信息浏览区

所有信息浏览区域。

2. 按钮区

关闭—关闭详细对话框。

Ⅳ. 删除

由图 4.19 中查询出列操作中删除链接进行删除。

Ⅴ. 新建

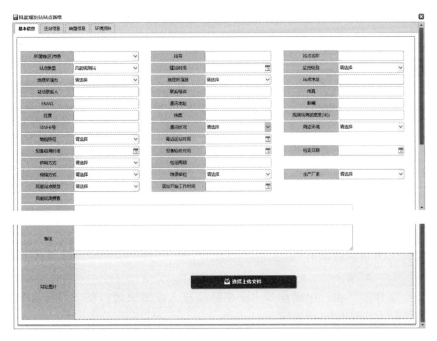

整个界面从上到下划分为两部分,分别为信息新建区与按钮区。

1. 信息新建区

信息新建页面,带有红色"＊"号标识的为必填项,如若不填写,将会提示友好信息且不能保存成功。

2. 按钮区

保存—验证所有必填写项,如若不通过,则提示友好提示信息,反之则进行保存操作,操作成功会进行保存成功提示。

4.1.1.3　站网信息统计

整个界面从上到下划分为四部分,分别为统计条件区、按钮区、列表显示区、功能菜单区。

1. 统计条件区

(1)查询条件设有省(区)市县、站点类型、统计类型、起始年份与截止年份;

(2)查询条件带有红色"＊"号标识的为必填项;

(3)起始年份与截止年份不能大于当前年份且起始年份不能大于截止年份。

2. 按钮区

(1)统计—根据统计条件查询出数据显示在列表显示区与柱形图区;

(2)重置—初始化所有的查询条件。

3. 列表显示区

作用是显示查询出来的站点信息。

4. 功能菜单区

(1)翻页功能:第一页、上一页、下一页、最末页;

(2)页码输入:直接输入要查看的页码,点击右箭头或者按回车,直接跳到该页;

(3)每页显示数据条数:10、20、50、100、200、全部;

(4)导出文件:xls 文件、csv 文件、pdf 文件、打印功能。

4.1.1.4　站网人员管理

4.1.1.4.1　用户管理

用户管理界面如下图所示。

整个界面从上到下划分为 4 部分,分别为查询条件区、按钮区、列表显示区和功能菜单区。

➢ 查询

不输入任何条件,直接点击查询,将查询出所有用户信息;

输入相应条件,将查询出符合条件的用户信息,没有符合条件的将没有结果显示。

➢ 重置

不输入任何条件,点击重置按钮,界面无变化;

输入条件,点击重置按钮,将返回初始界面,为空或者默认值。

➢ 新建

新建界面如下图所示。

点击新建,将弹出新建界面;

带有红色"＊"号标识的为必填项,为空将不能保存,并有提示信息;

正确填写信息并保存成功后将创建一个新的用户;

点击关闭按钮,将不进行保存,直接关闭新建界面。

➢ 编辑

编辑界面如下图所示。

编辑用户详细信息		✖
	编辑基本信息	

用户名	custom	性别	请选择
出生时间		岗位	请选择
学历	请选择	毕业院校	
毕业时间		参加工作时间	
职务	请选择	职称	请选择
手机号码		联系电话	
qq号		微信号	
网页url		邮箱	
邮编		地址	

✎ 保存　✖ 取消

点击编辑,弹出的界面和新建界面相同;

带有红色"＊"号标识的为必填项,清空将不能保存,并弹出提示信息;

所有信息都可以修改,点击保存将新的信息保存;

点击关闭将不保存,仍为原来的信息。

➢ 删除

点击删除,确认将删除信息,取消将不删除。

➢ 重置密码

点击重置密码,确认将重置为设置好的初始密码,取消将不重置。

➢ 配置用户组

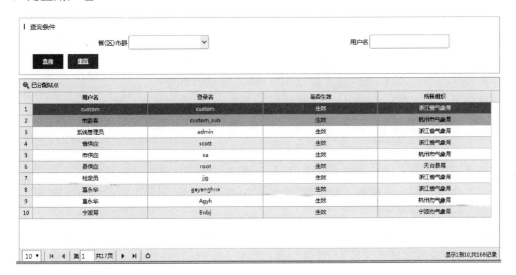

查询条件				
	省(区)市县		用户名	

查询　重置

已分配站点				
	用户名	登录名	是否生效	所属组织
1	custom	custom	生效	浙江省气象局
2	市游客	custom_sub	生效	杭州市气象局
3	系统管理员	admin	生效	浙江省气象局
4	省供应	scott	生效	浙江省气象局
5	市供应	sa	生效	杭州市气象局
6	县供应	root	生效	天台县局
7	检定员	jjg	生效	浙江省气象局
8	葛永华	gayanghua	生效	浙江省气象局
9	葛永华	Agyh	生效	杭州市气象局
10	宁波局	Bnbj	生效	宁波市气象局

10 ▾ ｜◄ ◄ 第1 共17页 ► ►｜ ↻　　　　　　　　　　　　显示1到10,共168记录

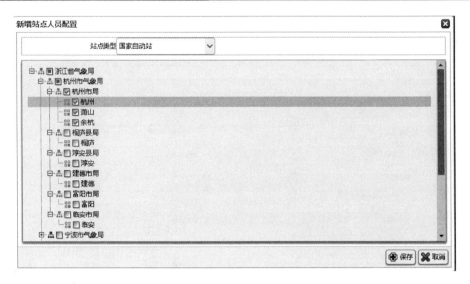

点击配置用户组,将弹出用户组授权界面。

弹出的用户组授权界面整体分为两部分,左边为未授权的用户组列表,右边为已授权的用户组表。

左右两部分又分别分为四部分,分别为查询条件,按钮区域,列表显示部分和翻页功能区域。

默认显示所有的用户组列表,输入相应条件点击查询将查询出相应条件的用户组。

选择相应的用户组,为复选框,可以选择多个用户组,然后向右的箭头,确认将赋予该用户相应的用户组权限,取消将不赋予。

权限赋予后,左边将不再显示该用户组,该用户组将在右边显示。

右边默认显示所有的被赋予的权限,输入相应条件点击查询,将查询出符合条件的用户组,没有符合条件的将不显示。

选择右边已授权的用户组,为复选框,可以选择多个用户组,点击向左的箭头,确认将移除赋予该用户的权限,取消将不移除。

当用户组足够多时,将分页显示,翻页按钮将可用。

选择列表左上角的复选框,将选择所有的用户组。

翻页按钮:只有一页信息时翻页按钮不可用,否则点击将翻页。

直接输入正确页数,点击跳转按钮将跳转到指定页面,否则将弹出提示。

4.1.1.4.2 站点人员配置

站点人员配置界面如下图所示。

整个界面从上到下划分为两个部分,分别为查询条件区及按钮区和功能显示区。

查询条件区是输入查询条件的区域,根据查询条件显示匹配的用户信息。查询条件包括:站点类型,站点,省市县等。

按钮包括分配人员与查询已分配人员两个按钮,查询按钮的功能是查询与查询条件匹配的人员信息,并在列表显示区显示,重置按钮的功能是将输入的查询条件恢复为初始状态,新建按钮的功能是新建站点人员信息。

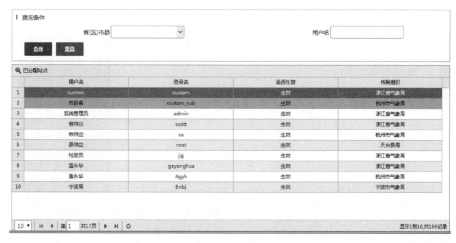

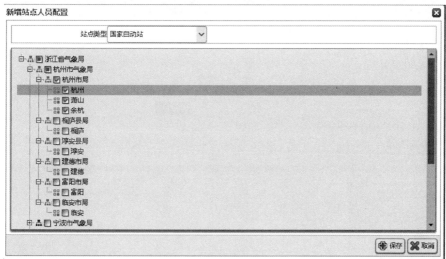

➤ 查询已分配人员

界面如下图所示。

查询条件：

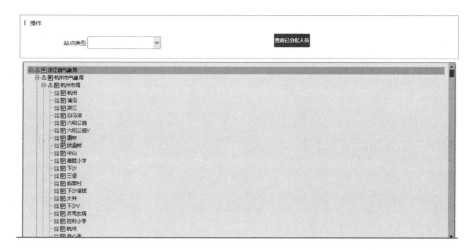

➢查询结果：

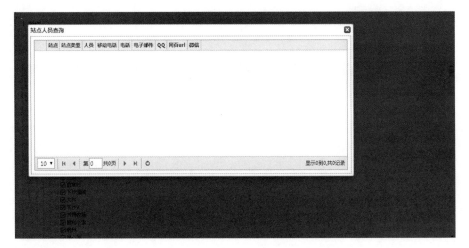

➢分配人员

选择单个站点：

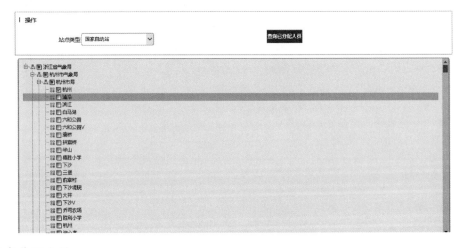

点击分配人员：

可以将左侧未授权用户添加到右侧,也可以将右侧已授权用户移除。

4.1.1.4.3　人员信息管理

人员信息管理界面如下图所示。

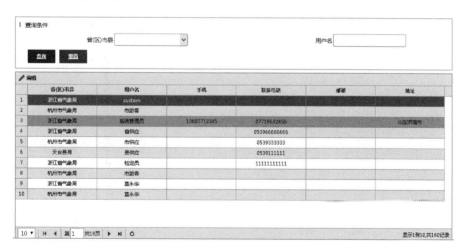

整个界面从上到下划分为 4 部分,分别为查询条件区、按钮区、列表显示区和功能菜单区。

1. 查询条件区

查询条件区是输入查询登录日志条件的区域,根据查询条件显示匹配的用户信息。查询条件包括:区市县,用户名称。

2. 按钮区

按钮区包括查询与重置两个按钮,查询按钮的功能是查询与查询条件匹配的告警信息,并在列表显示区显示;重置按钮的功能是将输入的查询条件恢复为初始状态。

3. 列表显示区

列表显示区显示满足查询条件的用户信息,显示内容主要包括省市县、用户名、手机、联系电话、邮箱、地址、操作(编辑)。

4. 功能菜单区

功能菜单区提供翻页、页面显示记录数量及导出功能。翻页功能支持前翻页、后翻页,以及手动输入页码跳转页码。每页显示记录数量为下拉列表，可以选择每页显示 10、20、50、100、200 条或者全部记录。导出功能可以将记录打印或导出文件保存到本地，导出文件可以为 xls、csv 文件。

➤ 编辑

编辑界面如下图所示。

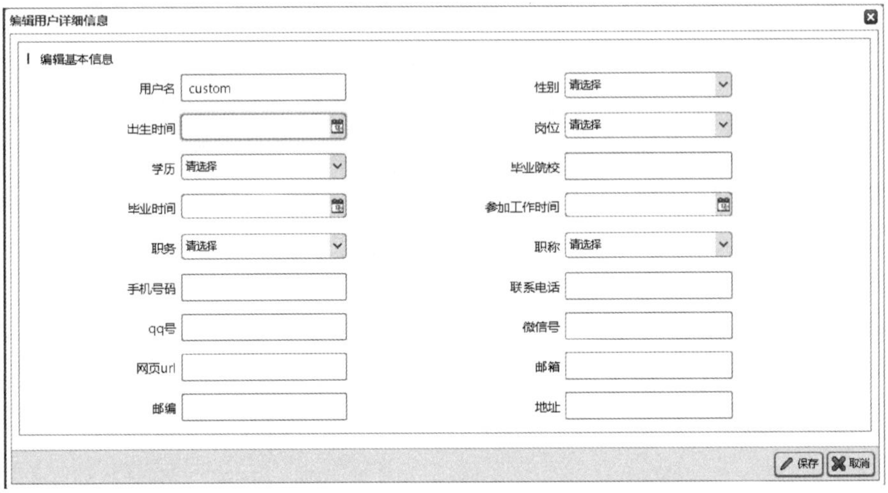

点击编辑，弹出界面；

带有红色"＊"号标识的为必填项，清空将不能保存，并弹出提示信息；

所有信息都可以修改，点击保存将新的信息保存；

点击关闭将不保存，仍为原来的信息。

4.1.1.5　站点告警配置

4.1.1.5.1　站点告警配置

站点告警配置界面如下图所示。

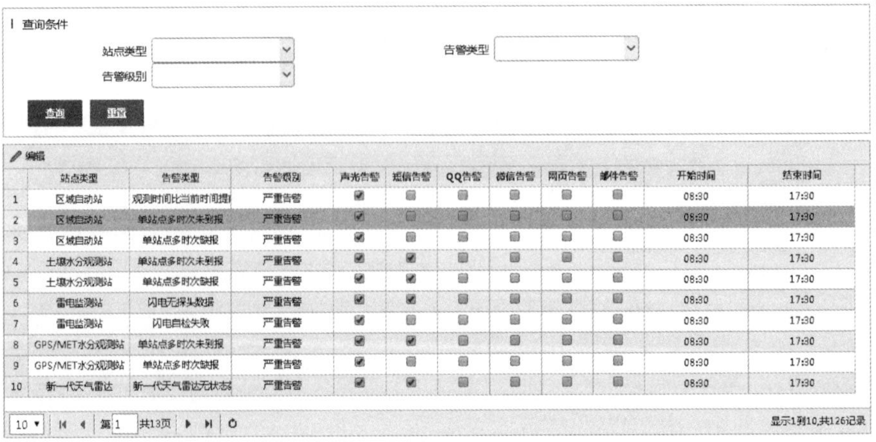

➤ 查询结果：

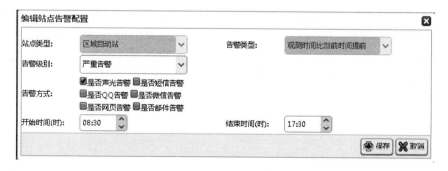

整个界面从上到下划分为四部分,分别为查询条件区、按钮区、列表显示区和功能菜单区。

1. 查询条件区

查询条件区是输入查询登录日志条件的区域,根据查询条件显示匹配的用户信息。查询条件包括:站点类型,告警类型,告警级别。

2. 按钮区

按钮区包括查询与重置两个按钮,查询按钮的功能是查询与查询条件匹配的告警信息,并在列表显示区显示;重置按钮的功能是将输入的查询条件恢复为初始状态。

3. 列表显示区

列表显示区显示满足查询条件的用户信息,显示内容主要包括站点类型、告警类型、告警级别、声光告警、短信告警、qq告警、微信告警、网页告警、邮件告警、时间段、操作(编辑)。在显示区可以通过勾选框直接修改该告警类型的发布方式。

4. 功能菜单区

功能菜单区提供翻页、页面显示记录数量及导出功能。翻页功能支持前翻页、后翻页,以及手动输入页码跳转页码。每页显示记录数量为下拉列表,可以选择每页显示10、20、50、100、200条或者全部记录。导出功能可以将记录打印或导出文件保存到本地,导出文件可以为xls、csv文件。

➤ 编辑

编辑界面如下图所示。

点击编辑,弹出界面;
带有红色"＊"号标识的为必填项,清空将不能保存;
所有信息都可以修改,点击保存将新的信息保存;
点击关闭将不保存,仍为原来的信息。

4.1.1.6 基础码表管理

4.1.1.6.1 停机原因

停机原因查询页面：

整个界面从上到下划分为四部分,分别为查询条件区、按钮区、列表显示区和功能菜单区。

1. 查询条件区

查询条件区是输入查询条件的区域,根据查询条件显示匹配的停机原因信息。查询条件包括:站点类型,维护维修类型。

2. 按钮区

按钮区包括查询、重置与新建 3 个按钮,查询按钮的功能是查询与查询条件匹配的停机原因,并在列表显示区显示;重置按钮的功能是将输入的查询条件恢复为初始状态。新建的作用:打开新建页面。

3. 列表显示区

列表显示区显示满足查询条件的停机原因信息,显示内容主要包括站点类型、维护维修类型、停机原因、操作(编辑和删除)。

4. 功能菜单区

功能菜单区提供翻页、页面显示记录数量及导出功能。翻页功能支持前翻页、后翻页,以及手动输入页码跳转页码。每页显示记录数量为下拉列表,可以选择每页显示 10、20、50、100、200 条或者全部记录。导出功能可以将记录打印或导出文件保存到本地,导出文件可以为 xls、csv 文件。

➢ 新建

点击新建,弹出界面;

带有红色"＊"号标识的为必填项;

所有信息都可以修改,点击保存将新的信息保存;

点击关闭将不保存,仍为原来的信息。

➢ 编辑

点击编辑,弹出界面;

带有红色"＊"号标识的为必填项,清空将不能保存,并弹出提示信息;

所有信息都可以修改,点击保存将新的信息保存;

点击关闭将不保存,仍为原来的信息。

➢ 删除

点击删除,确认将删除信息,取消将不删除。

4.1.1.6.2 维保单位管理

维保单位管理界面如下图所示。

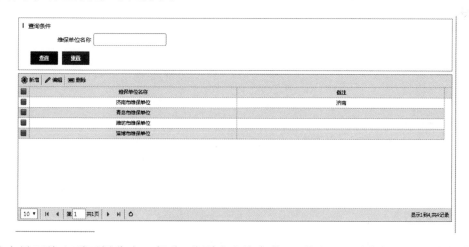

整个界面从上到下划分为四部分,分别为查询条件区、按钮区、列表显示区和功能菜单区。

1. 查询条件区

查询条件区是输入查询条件的区域,根据查询条件显示匹配的维保单位信息。查询条件包括:维保单位名称。

2. 按钮区

按钮区包括查询、重置与新建 3 个按钮。查询按钮的功能是查询与查询条件匹配的维保单位信息,并在列表显示区显示,重置按钮的功能是将输入的查询条件恢复为初始状态,新建按钮的功能是新建维保单位。

3. 列表显示区

列表显示区显示满足查询条件的用户信息,显示内容主要包括登录名称,维保单位编号、维保单位名称、备注、操作(编辑,删除)。

4. 功能菜单区

功能菜单区提供翻页、页面显示记录数量及导出功能。翻页功能支持前翻页、后翻页,以及手动输入页码跳转页码。每页显示记录数量为下拉列表,可以选择每页显示 10、20、50、100、200 条或者全部记录。导出功能可以将记录打印或导出文件保存到本地,导出文件可以为 xls、csv 文件。

➤ 新建

新建界面如下图所示。

点击新建,将弹出新建界面;

带有红色"＊"号标识的为必填项,为空将不能保存;

正确填写信息并保存成功后将创建一个新的维保单位;

点击关闭按钮,将不进行保存,直接关闭新建界面。

➤ 编辑

编辑界面如下图所示:

点击编辑,弹出的界面:

带有红色"＊"号标识的为必填项,清空将不能保存;

所有信息都可以修改,点击保存将新的信息保存;

点击关闭将不保存,仍为原来的信息。

➤ 删除

点击删除,确认将删除信息,取消将不删除。

4.1.1.6.3　IP 配置管理

IP 配置管理界面如下图所示。

整个界面从上到下划分为四部分,分别为查询条件区、按钮区、列表显示区和功能菜单区。

1. 查询条件区

查询条件区是输入查询条件的区域,根据查询条件显示匹配的 IP 配置信息。查询条件包括:省(区)市县、起始 IP 地址、终止 IP 地址。

2. 按钮区

按钮区包括查询、重置与新建 3 个按钮,查询按钮的功能是查询与查询条件匹配的 IP 配置信息,并在列表显示区显示,重置按钮的功能是将输入的查询条件恢复为初始状态,新建按钮的功能是打开新增 IP 配置页面。

3. 列表显示区

列表显示区显示满足查询条件的 IP 配置信息,显示内容主要包括所属组织、IP 最小值、IP 最大值、起始 IP 地址、终止 IP 地址、备注、操作(编辑、删除)。

4. 功能菜单区

功能菜单区提供翻页、页面显示记录数量及导出功能。翻页功能支持前翻页、后翻页,以及手动输入页码跳转页码。每页显示记录数量为下拉列表,可以选择每页显示 10、20、50、100、200 条或者全部记录。导出功能可以将记录打印或导出文件保存到本地,导出文件可以为 xls、csv 文件。

➤ 新建

新建界面如下图所示。

点击新建,将弹出新建界面;

带有红色"＊"号标识的为必填项,为空将不能保存;

正确填写信息并保存成功后将创建一个新的 IP 配置;

点击关闭按钮,将不进行保存,直接关闭新建界面。

➤ 编辑

编辑界面如下图所示。

点击编辑,弹出的界面:

带有红色"＊"号标识的为必填项,清空将不能保存;

所有信息都可以修改,点击保存将新的信息保存;

点击关闭将不保存,仍为原来的信息。

➤ 删除

点击删除,确认将删除信息,取消将不删除。

4.1.1.7 站点通用配置

站点通用配置为系统的基础数据,存储和管理的是各个装备个性化配置数据,项目启动后会读取对应的数据配置来执行针对各个装备类型的配置。

4.1.1.7.1 总体通用配置

总体通用配置界面如下图所示。

整个界面从上到下划分为两部分,分别为列表显示区、按钮区。

列表显示区:所有信息都可以修改。

按钮区:

①点击保存将新的信息保存;

②点击重置将还原为初始数据。

4.1.1.7.2 新一代天气雷达通用配置

新一代天气雷达通用配置界面如下图所示。

整个界面从上到下划分为两部分,分别为列表显示区、按钮区。

列表显示区:所有信息都可以修改。

按钮区:

①点击保存将新的信息保存;

②点击重置将还原为初始数据。

4.1.1.7.3 风廓线雷达通用配置

风廓线雷达通用配置界面如下图所示。

整个界面从上到下划分为两部分,分别为列表显示区、功能菜单区。

列表显示区:所有信息都可以修改。

功能菜单区:

①点击保存将新的信息保存;

②点击重置将还原为初始数据。

4.1.1.7.4 探空系统通用配置

探空系统通用配置界面如下图所示。

整个界面从上到下划分为两部分,分别为列表显示区、功能菜单区。

列表显示区:所有信息都可以修改。

功能菜单区:

①点击保存将新的信息保存;

②点击重置将还原为初始数据。

4.1.1.7.5 国家自动站通用配置

国家自动站通用配置界面如下图所示。

整个界面从上到下划分为两部分,分别为列表显示区、功能菜单区。

列表显示区:所有信息都可以修改。

功能菜单区:

①点击保存将新的信息保存;

②点击重置将还原为初始数据。

4.1.1.7.6　区域自动站通用配置

区域自动站配置界面如下图所示。

整个界面从上到下划分为两部分,分别为列表显示区、功能菜单区。

列表显示区:所有信息都可以修改。

功能菜单区:

①点击保存将新的信息保存;

②点击重置将还原为初始数据。

4.1.1.7.7　自动土壤水分站通用配置

自动土壤水分站通用置界面如下图所示。

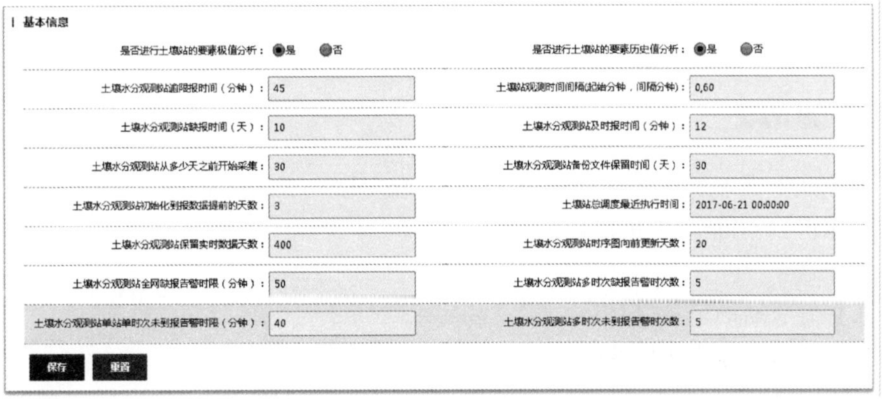

整个界面从上到下划分为两部分,分别为列表显示区、功能菜单区。

列表显示区:所有信息都可以修改。

功能菜单区：

①点击保存将新的信息保存；

②点击重置将还原为初始数据。

4.1.1.7.8　GPS/MET 水汽站通用配置

GPS/MET 水汽站通用配置界面如下图所示。

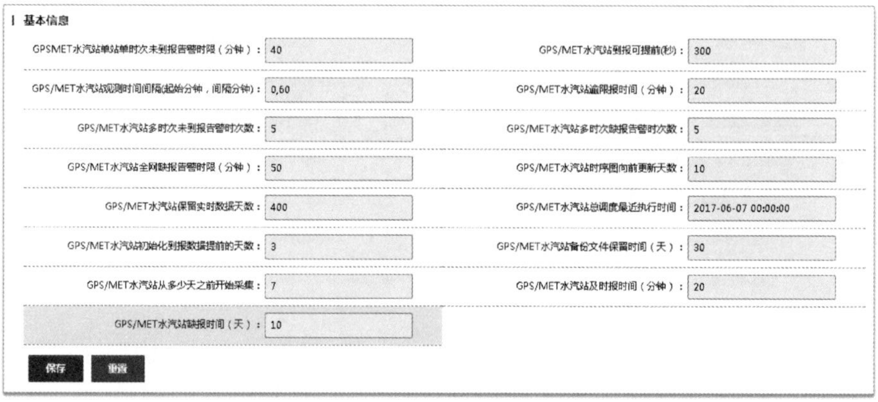

整个界面从上到下划分为两部分，分别为列表显示区、功能菜单区。

列表显示区：所有信息都可以修改。

功能菜单区：

①点击保存将新的信息保存；

②点击重置将还原为初始数据。

4.1.1.7.9　雷电监测站通用配置

雷电监测站通用配置界面如下图所示。

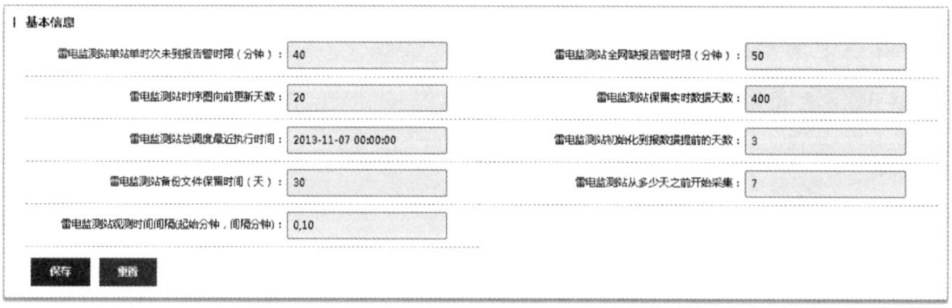

整个界面从上到下划分为两部分，分别为列表显示区、功能菜单区。

列表显示区：所有信息都可以修改。

功能菜单区：

①点击保存将新的信息保存；

②点击重置将还原为初始数据。

4.1.1.7.10　大气成分站通用配置

大气成分站通用配置界面如下图所示。

整个界面从上到下划分为两部分,分别为列表显示区、功能菜单区。

列表显示区:所有信息都可以修改。

功能菜单区:

①点击保存将新的信息保存;

②点击重置将还原为初始数据。

4.1.1.7.11　风能观测站通用配置

风能观测站通用配置界面如下图所示。

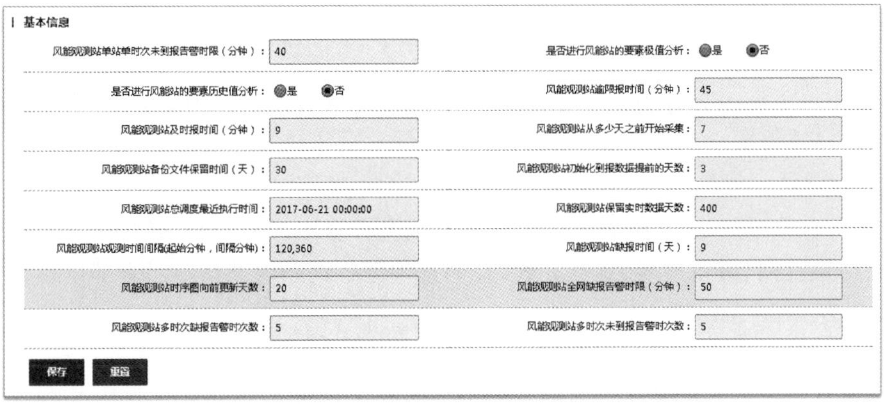

整个界面从上到下划分为两部分,分别为列表显示区、功能菜单区。

列表显示区:所有信息都可以修改。

功能菜单区:

①点击保存将新的信息保存;

②点击重置将还原为初始数据。

4.1.2　运行评估

4.1.2.1　天气雷达站运行评估

4.1.2.1.1　业务可用性评估

新一代天气雷达业务可用性评估页面:

查询条件

	开始日期	2016-07-01		结束日期	2017-07-20		设备型号	----全部----
监控级别	----全部----							
统计方式	●型号 ●地域 ●台站 ●年度 ●月份 ●总计							

检索　重置

序号	市	县	设备型号	厂家	单位	站点编号	站点名称	业务可用性	Tpm(维护时间,小时)	Ton(运行时间,小时)	Ts(特殊停机时间,小时)	Tt(总时间,小时)	平均无故障
1	CD		784厂		泰安信息保障中心	Z9538	泰安新一代天气雷达站	0%	0	0	0	24	2
2	SA		敏视达		滨州市装备中心	Z9543	滨州新一代天气雷达站	0%	0	0	0	24	1
3	SA		敏视达		雷达科	Z9531	济南新一代天气雷达站	0%	0	0	0	24	3
4	SA		敏视达		青岛信息保障中心	Z9532	青岛新一代天气雷达站	0%	0	0	0	24	3
5	SA		敏视达		威海信息保障中心	Z9631	威海新一代天气雷达站	0%	0	0	0	24	0
6	SA		敏视达		潍坊信息保障中心	Z9536	潍坊新一代天气雷达站	0%	0	0	0	24	2
7	SA		敏视达		烟台信息保障中心	Z9535	烟台新一代天气雷达站	0%	0	0	0	24	4
8	SC		784厂		临沂信息保障中心	Z9539	临沂新一代天气雷达站	0%	0	0	0	24	1

10 ▼ 第1 共1页 显示1到8,共8记录

新一代天气雷达业务可用性(Ao)

Z9538 直接访问:0

Z9538 0%　Z9543 0%　Z9531 0%　Z9532 0%　Z9631 0%　Z9536 0%　Z9535 0%　Z9539 0%

整个界面从上到下划分为 5 部分,分别为查询条件区、按钮区、列表显示区、功能菜单区和图表展示区。

1. 查询条件区

查询条件区是输入查询条件的区域,根据查询条件显示匹配的查询结果。查询条件包括:开始日期、结束日期、设备型号、统计方式,查询条件区查询条件默认显示全部设备型号。

2. 按钮区

按钮区包括查询、重置按钮。查询按钮的功能是查询与查询条件匹配的信息,并在列表显示区显示,重置按钮的功能是将输入的查询条件恢复为初始状态。

3. 列表显示区

列表显示区显示满足查询条件的记录信息,显示内容主要包括业务可用性、Tpm(维护时间)、Ton(运行时间)、Ts(停机时间)、Tt(总时间),还有一个根据选择统计方式的可变显示列(包括型号、地域、台站、年度、月度)。

4. 功能菜单区

功能菜单区提供翻页、页面显示记录数量。翻页功能支持前翻页、后翻页,以及手动输入页码跳转页码。每页显示记录数量为下拉列表,可以选择每页显示 10、20、50、100、200 条或者全部记录。

5. 图表展示区

根据统计的数据转换成柱状图显示。

➤ 查询功能

查询业务可用性,必须选择开始时间和结束时间,而统计方式默认情况下选择设备型号,点击查询,则查询出该时间段内,该型号在基于观测文件和质量检查下的业务可用性信息,页面参考国家站运行评估业务可用性评估。当列表中设备型号显示为空,则表示站点没配置设备型号的一起统计,有设备型号的单独统计。

如下图所示：

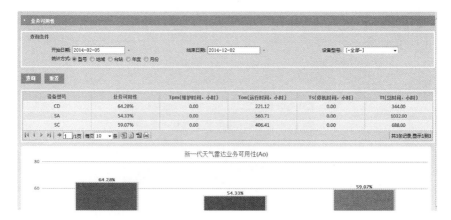

按地域查询：

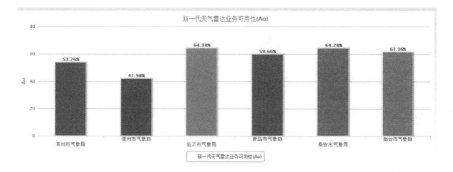

按台站查询：

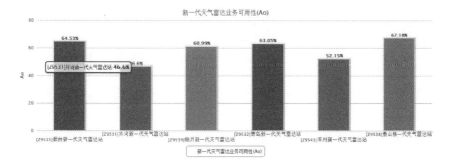

按年度查询：

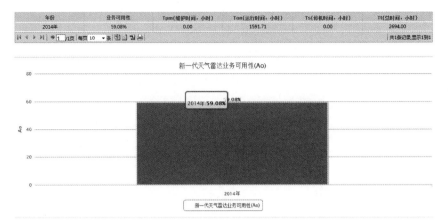

按月度查询：

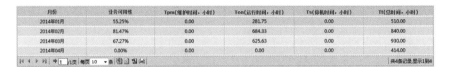

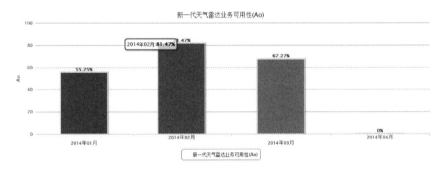

4.1.2.1.2　维护报告提交统计

维护报告提交统计页面：

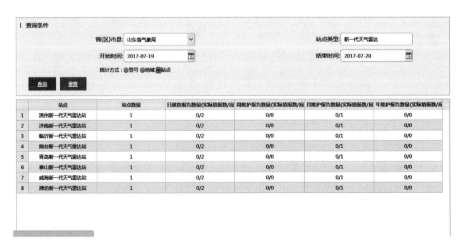

整个界面从上到下划分为 5 部分,分别为查询条件区、按钮区、列表显示区、功能菜单区和图表展示区。

1. 查询条件区

查询条件区是输入查询条件的区域,根据查询条件显示匹配的查询结果。查询条件包括:开始日期、结束日期、设备型号、统计方式,查询条件区查询条件默认显示全部。

2. 按钮区

按钮区包括查询、重置按钮。查询按钮的功能是查询与查询条件匹配的信息,并在列表显示区显示,重置按钮的功能是将输入的查询条件恢复为初始状态。

3. 列表显示区

列表显示区显示满足查询条件的记录信息,显示内容主要包括平均无故障工作时间、故障次数、故障时间还有一个根据选择统计方式的可变显示列(包括型号、地域、台站、年度、月度)。

4. 功能菜单区

功能菜单区提供翻页、页面显示记录数量。翻页功能支持前翻页、后翻页,以及手动输入页码跳转页码。每页显示记录数量为下拉列表,可以选择每页显示 10、20、50、100、200 条或者全部记录。

5. 图表展示区

根据统计的数据转换成柱状图显示。

4.1.2.2 风廓线雷达运行评估

4.1.2.2.1 业务可用性评估

风廓线雷达业务可用性评估页面:

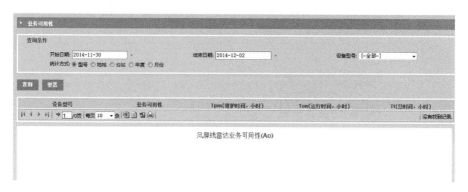

风廓线雷达业务可用性(Ao)

整个界面从上到下划分为 5 部分,分别为查询条件区、按钮区、列表显示区、功能菜单区和图表展示区。

1. 查询条件区

查询条件区是输入查询条件的区域,根据查询条件显示匹配的查询结果。查询条件包括:开始日期、结束日期、设备型号、统计方式,查询条件区查询条件默认显示全部设备类型。

2. 按钮区

按钮区包括查询、重置按钮。查询按钮的功能是查询与查询条件匹配的信息,并在列表显示区显示,重置按钮的功能是将输入的查询条件恢复为初始状态。

3. 列表显示区

列表显示区显示满足查询条件的记录信息,显示内容主要包括业务可用性、Tpm(维护时间)、Ton(运行时间)、Tt(总时间),还有一个根据选择统计方式的可变显示列(包括型号、地域、台站、年度、月度)。

4. 功能菜单区

功能菜单区提供翻页、页面显示记录数量。翻页功能支持前翻页、后翻页,以及手动输入页码跳转页码。每页显示记录数量为下拉列表,可以选择每页显示 10、20、50、100、200 条或者全部记录。

5. 图表展示区

根据统计的数据转换成柱状图显示。

➤ 查询功能

查询业务可用性,必须选择开始时间和结束时间,而统计方式默认为设备类型,查询,则查询出该时间段内,页面参考国家站运行评估业务可用性评估。当列表中设备型号显示为空,则表示站点没配置设备型号的一起统计,有设备型号的单独统计。

4.1.2.2.2　平均无故障工作时间

风廓线雷达平均无故障工作时间页面:

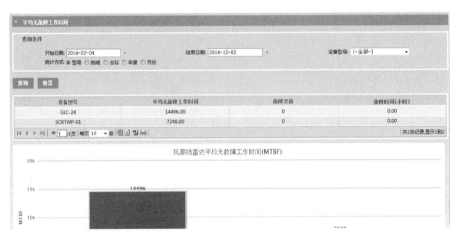

整个界面从上到下划分为 5 部分,分别为查询条件区、按钮区、列表显示区、功能菜单区和图表展示区。

1. 查询条件区

查询条件区是输入查询条件的区域,根据查询条件显示匹配的查询结果。查询条件包括:开始日期、结束日期、设备型号、统计方式,查询条件区查询条件默认显示全部设备类型。

2. 按钮区

按钮区包括查询、重置按钮。查询按钮的功能是查询与查询条件匹配的信息,并在列表显示区显示,重置按钮的功能是将输入的查询条件恢复为初始状态。

3. 列表显示区

列表显示区显示满足查询条件的记录信息,显示内容主要包括平均无故障工作时间、故障次数、故障时间,还有一个根据选择统计方式的可变显示列(包括型号、地域、台站、年度、月度)。

4. 功能菜单区

功能菜单区提供翻页、页面显示记录数量。翻页功能支持前翻页、后翻页，以及手动输入页码跳转页码。每页显示记录数量为下拉列表，可以选择每页显示 10、20、50、100、200 条或者全部记录。

5. 图表展示区

根据统计的数据转换成柱状图显示。

➤ 查询功能

查询业务可用性，必须选择开始时间和结束时间，而统计方式默认情况下选择设备型号，设备型号可选可不选，点击查询则查询出该时间段内，该型号下的业务可用性信息，页面参考国家站运行评估平均无故障工作时间评估。当列表中设备型号显示为空，则表示站点没配置设备型号的一起统计，有设备型号的单独统计。

4.1.2.2.3　平均故障持续时间

风廓线雷达故障持续时间页面：

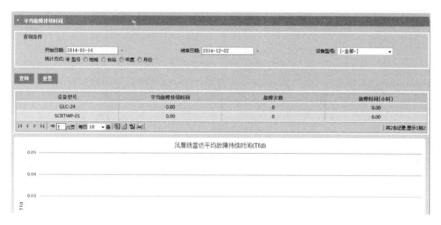

整个界面从上到下划分为 5 部分，分别为查询条件区、按钮区、列表显示区、功能菜单区和图表展示区。

1. 查询条件区

查询条件区是输入查询条件的区域，根据查询条件显示匹配的查询结果。查询条件包括：开始日期、结束日期、设备型号、统计方式，查询条件区查询条件默认显示全部设备型号。

2. 按钮区

按钮区包括查询、重置按钮。查询按钮的功能是查询与查询条件匹配的信息，并在列表显示区显示，重置按钮的功能是将输入的查询条件恢复为初始状态。

3. 列表显示区

列表显示区显示满足查询条件的记录信息，显示内容主要包括平均故障持续时间、故障次数、故障时间，还有一个根据选择统计方式的可变显示列（包括型号、地域、台站、年度、月度）。

4. 功能菜单区

功能菜单区提供翻页、页面显示记录数量。翻页功能支持前翻页、后翻页，以及手动输入页码跳转页码。每页显示记录数量为下拉列表，可以选择每页显示 10、20、50、100、200 条或者全部记录。

5. 图表展示区

根据统计的数据转换成柱状图显示。

➢ 查询功能

查询业务可用性，必须选择开始时间和结束时间，而统计方式默认情况下查询，则查询出该时间段内，该型号下的业务可用性信息，页面参考国家站运行评估平均无故障工作时间评估。当列表中设备型号显示为空，则表示站点没配置设备型号的一起统计，有设备型号的单独统计。

4.1.2.3 探空系统运行评估

4.1.2.3.1 业务可用性评估

探空雷达业务可用性评估页面：

整个界面从上到下划分为 5 部分，分别为查询条件区、按钮区、列表显示区、功能菜单区和图表展示区。

1. 查询条件区

查询条件区是输入查询条件的区域，根据查询条件显示匹配的查询结果。查询条件包括：开始日期、结束日期、设备型号、统计方式，查询条件区查询条件默认显示全部设备型号。

2. 按钮区

按钮区包括查询、重置按钮。查询按钮的功能是查询与查询条件匹配的信息，并在列表显示区显示，重置按钮的功能是将输入的查询条件恢复为初始状态。

3. 列表显示区

列表显示区显示满足查询条件的记录信息,显示内容主要包括业务可用性、工作时次、异常时次,还有一个根据选择统计方式的可变显示列(包括型号、地域、台站、年度、月度)。

4. 功能菜单区

功能菜单区提供翻页、页面显示记录数量。翻页功能支持前翻页、后翻页,以及手动输入页码跳转页码。每页显示记录数量为下拉列表,可以选择每页显示 10、20、50、100、200 条或者全部。

5. 图表展示区

根据统计的数据转换成柱状图显示。

➤ 查询功能

查询业务可用性,必须选择开始时间和结束时间,而统计方式默认情况下查询,则查询出该时间段内,该型号下的业务可用性信息,当列表中设备型号显示为空,则表示站点没配置设备型号的一起统计,有设备型号的单独统计。

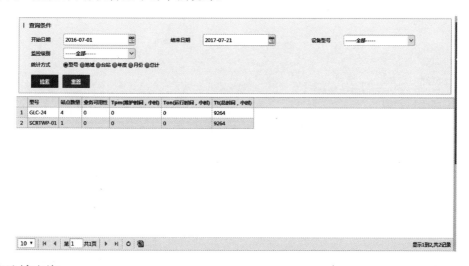

按地域查询:

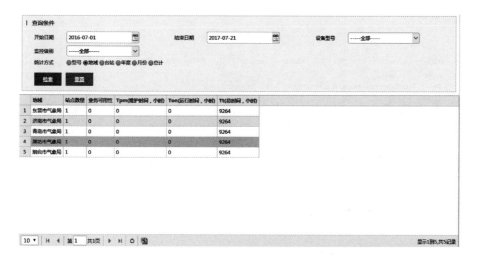

按台站查询:

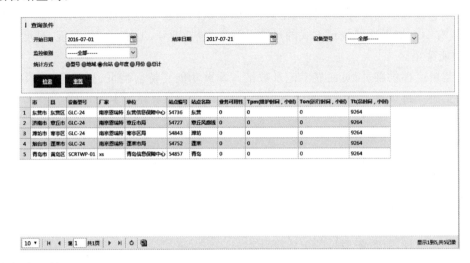

按年度查询:

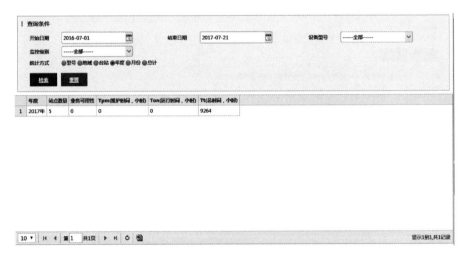

按月度查询:

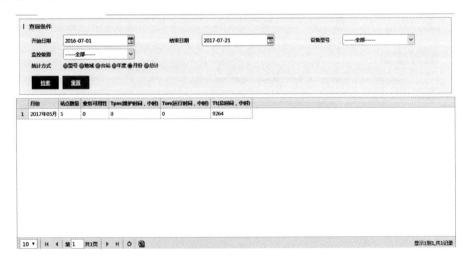

4.1.2.4　国家自动站运行评估

4.1.2.4.1　业务可用性评估

国家自动站业务可用性评估页面：

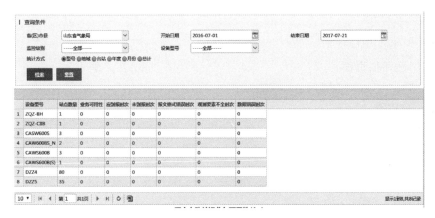

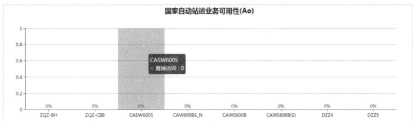

整个界面从上到下划分为 5 部分,分别为查询条件区、按钮区、列表显示区、功能菜单区和图表展示区。

1. 查询条件区

查询条件区是输入查询条件的区域,根据查询条件显示匹配的查询结果。查询条件包括:省(区)市县、开始日期、结束日期、设备型号、统计方式,查询条件区查询条件默认显示全部型号。

2. 按钮区

按钮区包括查询、重置按钮。查询按钮的功能是查询与查询条件匹配的信息,并在列表显示区显示,重置按钮的功能是将输入的查询条件恢复为初始状态。

3. 列表显示区

列表显示区显示满足查询条件的记录信息,显示内容主要包括业务可用性、应到报时次、未到报时次、报文格式错误时次、观测要素不全时次、数据错误时次,还有一个根据选择统计方式的可变显示列(包括型号、地域、台站、年度、月度)。

4. 功能菜单区

功能菜单区提供翻页、页面显示记录数量。翻页功能支持前翻页、后翻页,以及手动输入页码跳转页码。每页显示记录数量为下拉列表,可以选择每页显示 10、20、50、100、200 条或者全部记录。

5. 图表展示区

根据统计的数据转换成柱状图显示。

➤ 查询功能

查询业务可用性,必须选择开始时间和结束时间,系统默认结束时间是当前时间的前一天,默认开始时间是当前时间的前第三天,统计方式默认型号,查询,则查询出该时间段内,该型号的业务可用性信息,

➤ 功能菜单区

请参考 3.2.2 节。

4.1.2.4.2 要素可用性评估

要素可用性评估页面:

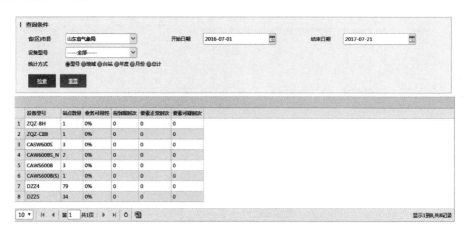

整个界面从上到下划分为 5 部分,分别为查询条件区、按钮区、列表显示区、功能菜单区和图表展示区。

1. 查询条件区

查询条件区是输入查询条件的区域,根据查询条件显示匹配的查询结果。查询条件包括:省(区)市县、开始日期、结束日期、设备型号、统计方式,查询条件区查询条件默认显示全部型号。

2. 按钮区

按钮区包括查询、重置按钮。查询按钮的功能是查询与查询条件匹配的信息,并在列表显示区显示,重置按钮的功能是将输入的查询条件恢复为初始状态。

3. 列表显示区

列表显示区显示满足查询条件的记录信息,显示内容主要包括业务可用性、应到报时次、要素正常时次、要素可疑时次,还有一个根据选择统计方式的可变显示列(包括型号、地域、台站、年度、月度)。

4. 功能菜单区

功能菜单区提供翻页、页面显示记录数量。翻页功能支持前翻页、后翻页,以及手动输入页码跳转页码。每页显示记录数量为下拉列表,可以选择每页显示 10、20、50、100、200 条或者全部记录。

5. 图表展示区

根据统计的数据转换成柱状图显示。

> 查询功能

查询业务可用性,必须选择开始时间和结束时间,而统计方式默认情况下,查询,则查询出该时间段内,该型号下的业务可用性信息,如下图所示。

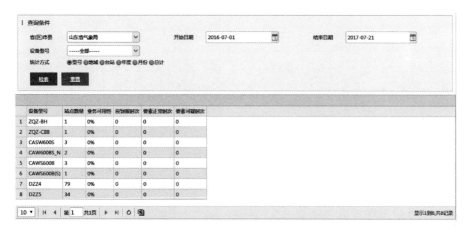

设备型号显示为空,则表示站点没配置设备型号的一起统计,有设备型号的单独统计。

按地域查询:

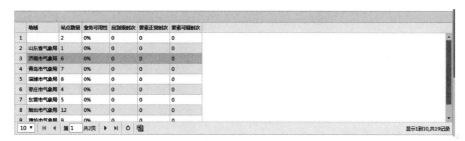

按台站查询:

按年度查询:

按月度查询：

➢ 功能菜单区

请参考 3.2.2 节。

4.1.2.5 区域自动站运行评估

4.1.2.5.1 业务可用性评估

区域自动站业务可用性评估页面：

整个界面从上到下划分为 5 部分，分别为查询条件区、按钮区、列表显示区、功能菜单区和图表展示区。

1. 查询条件区

查询条件区是输入查询条件的区域，根据查询条件显示匹配的查询结果。查询条件包括：省（区）市县、开始日期、结束日期、设备型号和统计方式，查询条件区查询条件默认显示全部型号。

2. 按钮区

按钮区包括查询、重置按钮。查询按钮的功能是查询与查询条件匹配的信息，并在列表显示区显示，重置按钮的功能是将输入的查询条件恢复为初始状态。

3. 列表显示区

列表显示区显示满足查询条件的记录信息，显示内容主要包括业务可用性、应到报时次、未到报时次、报文格式错误时次、观测要素不全时次、数据错误时次，还有一个根据选择统计方式的可变显示列（包括型号、地域、台站、年度、月度）。

4. 功能菜单区

功能菜单区提供翻页、页面显示记录数量。翻页功能支持前翻页、后翻页,以及手动输入页码跳转页码。每页显示记录数量为下拉列表,可以选择每页显示 10、20、50、100、200 条或者全部记录。

5. 图表展示区

根据统计的数据转换成柱状图显示。

➤ 查询功能

查询业务可用性,必须选择开始时间和结束时间,而统计方式默认情况下,查询,则查询出该时间段内,该型号的业务可用性信息,页面参考国家站运行评估业务可用性评估。当列表中设备型号显示为空,则表示站点没配置设备型号的一起统计,有设备型号的单独统计。

按地域查询:

参考运行评估 4.1.2.4 节。

按台站查询:

参考运行评估 4.1.2.4 节。

按年度查询:

参考运行评估 4.1.2.4 节。

按月度查询:

参考运行评估 4.1.2.4 节。

➤ 功能菜单区

请参考 3.2.2 节。

4.1.2.5.2 要素可用性评估

区域自动站要素可用性评估页面:

整个界面从上到下划分为 5 部分,分别为查询条件区、按钮区、列表显示区、功能菜单区和图表展示区。

1. 查询条件区

查询条件区是输入查询条件的区域,根据查询条件显示匹配的查询结果。查询条件包括:省(区)市县、开始日期、结束日期、设备型号和统计方式,查询条件区查询条件默认显示全部。

2. 按钮区

按钮区包括查询、重置按钮。查询按钮的功能是查询与查询条件匹配的信息,并在列表显示区显示,重置按钮的功能是将输入的查询条件恢复为初始状态。

3. 列表显示区

列表显示区显示满足查询条件的记录信息,显示内容主要包括业务可用性、应到报时次、要素正常时次、要素可疑时次,还有一个根据选择统计方式的可变显示列(包括型号、地域、台站、年度、月度)。

4. 功能菜单区

功能菜单区提供翻页、页面显示记录数量。翻页功能支持前翻页、后翻页,以及手动输入页码跳转页码。每页显示记录数量为下拉列表,可以选择每页显示 10、20、50、100、200 条或者全部记录。

5. 图表展示区

根据统计的数据转换成柱状图显示。

➤ 查询功能

查询要素可用性,必须选择开始时间和结束时间,而统计方式在默认情况下查询,则查询出该时间段内,该型号下的要素可用性信息,页面参考国家站运行评估要素可用性评估。当列表中设备型号显示为空,则表示站点没配置设备型号的一起统计,有设备型号的单独统计。

4.1.2.6 土壤水分站运行评估

4.1.2.6.1 业务可用性评估

土壤站业务可用性评估页面:

整个界面从上到下划分为 5 部分,分别为查询条件区、按钮区、列表显示区、功能菜单区和图表展示区。

1. 查询条件区

查询条件区是输入查询条件的区域,根据查询条件显示匹配的查询结果。查询条件包括:省(区)市县、开始日期、结束日期、设备型号和统计方式,查询条件区查询条件默认显示全部。

2. 按钮区

按钮区包括查询、重置按钮。查询按钮的功能是查询与查询条件匹配的信息,并在列表显示区显示,重置按钮的功能是将输入的查询条件恢复为初始状态。

3. 列表显示区

列表显示区显示满足查询条件的记录信息,显示内容主要包括业务可用性、应到报时次、未到报时次、报文格式错误时次、观测要素不全时次、数据错误时次,还有一个根据选择统计方式的可变显示列(包括型号、地域、台站、年度、月度)。

4. 功能菜单区

功能菜单区提供翻页、页面显示记录数量。翻页功能支持前翻页、后翻页,以及手动输入页码跳转页码。每页显示记录数量为下拉列表,可以选择每页显示 10、20、50、100、200 条或者全部记录。

5. 图表展示区

根据统计的数据转换成柱状图显示。

➢ 查询功能

查询业务可用性,必须选择开始时间和结束时间,而统计方式默认情况下查询,则查询出该时间段内,该型号的业务可用性信息,页面参考国家站运行评估业务可用性评估。当列表中设备型号显示为空,则表示站点没配置设备型号的一起统计,有设备型号的单独统计。

4.1.2.7　GPS/MET 水汽站评估

4.1.2.7.1　运行可用性评估

GPS/MET 水汽站运行可用性评估页面:

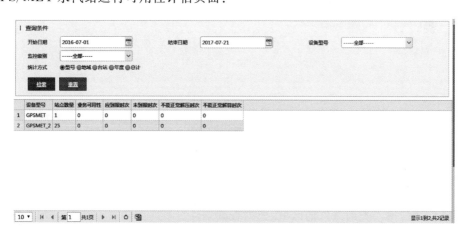

整个界面从上到下划分为 5 部分,分别为查询条件区、按钮区、列表显示区、功能菜单区和图表展示区。

1. 查询条件区

查询条件区是输入查询条件的区域,根据查询条件显示匹配的查询结果。查询条件包括:省(区)市县、开始日期、结束日期、设备型号和统计方式,查询条件区查询条件默认显示全部型号。

2. 按钮区

按钮区包括查询、重置按钮。查询按钮的功能是查询与查询条件匹配的信息,并在列表显示区显示,重置按钮的功能是将输入的查询条件恢复为初始状态。

3. 列表显示区

列表显示区显示满足查询条件的记录信息,显示内容主要包括业务可用性、应到报时次、未到报时次、不能正常解压时次、不能正常解算时次,还有一个根据选择统计方式的可变显示列(包括型号、地域、台站、年度、月度)。

4. 功能菜单区

功能菜单区提供翻页、页面显示记录数量。翻页功能支持前翻页、后翻页,以及手动输入页码跳转页码。每页显示记录数量为下拉列表,可以选择每页显示 10、20、50、100、200 条或者全部记录。

5. 图表展示区

根据统计的数据转换成柱状图显示。

➤ 查询功能

查询业务可用性,必须选择开始时间和结束时间,而统计方式默认情况下查询,则查询出该时间段内,该型号在的业务可用性信息,页面参考国家站运行评估业务可用性评估。当列表中设备型号显示为空,则表示站点没配置设备型号的一起统计,有设备型号的单独统计。

4.1.2.7.2　文件合格率评估

文件合格率页面:

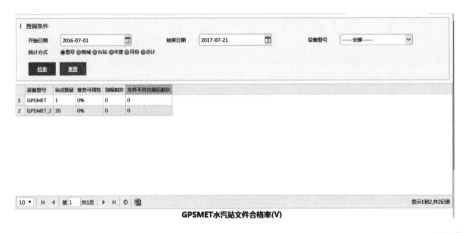

GPSMET水汽站文件合格率(V)

整个界面从上到下划分为 5 部分,分别为查询条件区、按钮区、列表显示区、功能菜单区和图表展示区。

1. 查询条件区

查询条件区是输入查询条件的区域,根据查询条件显示匹配的查询结果。查询条件包括:开始日期、结束日期、设备型号、统计方式,查询条件区查询条件默认显示全部。

2. 按钮区

按钮区包括查询、重置按钮。查询按钮的功能是查询与查询条件匹配的信息,并在列表显示区显示,重置按钮的功能是将输入的查询条件恢复为初始状态。

3. 列表显示区

列表显示区显示满足查询条件的记录信息,显示内容主要包括文件合格率、到报时次、文件不符合规范时次,还有一个根据选择统计方式的可变显示列(包括型号、地域、台站、年度、月度)。

4. 功能菜单区

功能菜单区提供翻页、页面显示记录数量。翻页功能支持前翻页、后翻页,以及手动输入页码跳转页码。每页显示记录数量为下拉列表,可以选择每页显示 10、20、50、100、200 条或者全部记录。

5. 图表展示区

根据统计的数据转换成柱状图显示。

➤ 查询功能

查询文件合格率,必须选择开始时间和结束时间,而统计方式默认情况下查询,则查询出该时间段内,该型号下的文件合格率信息,当列表中设备型号显示为空,则表示站点没配置设备型号的一起统计,有设备型号的单独统计。

按地域查询:

4.1.2.8 雷电监测站运行评估

4.1.2.8.1 业务可用性评估

雷电站业务可用性评估页面:

整个界面从上到下划分为 5 部分,分别为查询条件区、按钮区、列表显示区、功能菜单区和图表展示区。

1. 查询条件区

查询条件区是输入查询条件的区域,根据查询条件显示匹的查询结果。查询条件包括:开始日期、结束日期、设备型号和统计方式,查询条件区查询条件默认显示全部。

2. 按钮区

按钮区包括查询、重置按钮。查询按钮的功能是查询与查询条件匹配的信息,并在列表显示区显示,重置按钮的功能是将输入的查询条件恢复为初始状态。

3. 列表显示区

列表显示区显示满足查询条件的记录信息,显示内容主要包括业务可用性、应到报时次、未到报时次,还有一个根据选择统计方式的可变显示列(包括型号、地域、台站、年度、月度)。

4. 功能菜单区

功能菜单区提供翻页、页面显示记录数量。翻页功能支持前翻页、后翻页,以及手动输入页码跳转页码。每页显示记录数量为下拉列表,可以选择每页显示 10、20、50、100、200 条或者全部记录。

5. 图表展示区

根据统计的数据转换成柱状图显示。

➤ 查询功能

查询业务可用性,必须选择开始时间和结束时间,在统计方式默认情况下,点击查询,则查询出该时间段内,该型号的业务可用性信息,页面参考国家站运行评估业务可用性评估。当列表中设备型号显示为空,则表示站点没配置设备型号的一起统计,有设备型号的单独统计。

4.1.2.8.2　存疑率评估

雷电站存疑率评估页面:

整个界面从上到下划分为 5 部分,分别为查询条件区、按钮区、列表显示区、功能菜单区和图表展示区。

1. 查询条件区

查询条件区是输入查询条件的区域,根据查询条件显示匹配的查询结果。查询条件包括:开始日期、结束日期、设备型号和统计方式,查询条件区查询条件默认显示全部型号。

2. 按钮区

按钮区包括查询、重置按钮。查询按钮的功能是查询与查询条件匹配的信息,并在列表显示区显示,重置按钮的功能是将输入的查询条件恢复为初始状态。

3. 列表显示区

列表显示区显示满足查询条件的记录信息,显示内容主要包括存疑率、到报时次、可疑时次,还有一个根据选择统计方式的可变显示列(包括型号、地域、台站、年度、月度)。

4. 功能菜单区

功能菜单区提供翻页、页面显示记录数量。翻页功能支持前翻页、后翻页,以及手动输入页码跳转页码。每页显示记录数量为下拉列表,可以选择每页显示 10、20、50、100、200 条或者全部记录。

5. 图表展示区

根据统计的数据转换成柱状图显示。

➢ 查询功能

查询存疑率,必须选择开始时间和结束时间,在统计方式默认情况下查询,则查询出该时间段内,该型号的存疑率信息。当列表中设备型号显示为空,则表示站点没配置设备型号的一起统计,有设备型号的单独统计。下图为无配置图例。

4.1.2.9 大气成分站运行评估

大气成分站运行可用性评估页面从上到下划分为 5 部分,分别为查询条件区、按钮区、列表显示区、功能菜单区和图表展示区。

1. 查询条件区

查询条件区是输入查询条件的区域,根据查询条件显示匹配的查询结果。查询条件包括:开始日期、结束日期、设备型号、统计方式,查询条件区查询条件默认显示全部型号。

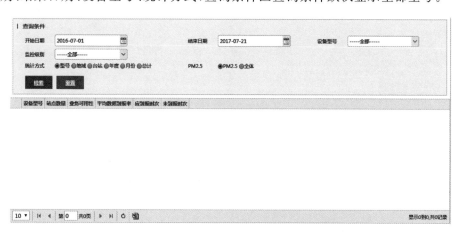

2. 按钮区

按钮区包括查询、重置两个按钮。查询按钮的功能是查询与查询条件匹配的信息,并在列表显示区显示,重置按钮的功能是将输入的查询条件恢复为初始状态。

3. 列表显示区

列表显示区显示满足查询条件的记录信息,显示内容主要包括业务可用性、未到报时次、应到报时次,还有一个根据选择统计方式的可变显示列(包括型号、地域、台站、年度、月度)。

4. 功能菜单区

功能菜单区提供翻页、页面显示记录数量。翻页功能支持前翻页、后翻页,以及手动输入页码跳转页码。每页显示记录数量为下拉列表,可以选择每页显示 10、20、50、100、200 条或者全部记录。

5. 图表展示区

根据统计的数据转换成柱状图显示。

➤ 查询功能

查询业务可用性,必须选择开始时间和结束时间,在统计方式默认情况下查询,则查询出该时间段内,该型号下的业务可用性信息,当列表中设备型号显示为空,则表示站点没配置设备型号的一起统计,有设备型号的单独统计。页面同探空系统运行评估存疑率相同。

4.1.2.10 风能运行评估

4.1.2.10.1 运行可用性评估

风能业务可用性评估页面:

整个界面从上到下划分为 5 部分,分别为查询条件区、按钮区、列表显示区、功能菜单区和图表展示区。

1. 查询条件区

查询条件区是输入查询条件的区域,根据查询条件显示匹配的查询结果。查询条件包括:开始日期、结束日期、设备型号和统计方式,查询条件区查询条件默认显示全部型号。

2. 按钮区

按钮区包括查询、重置两个按钮。查询按钮的功能是查询与查询条件匹配的信息,并在列表显示区显示,重置按钮的功能是将输入的查询条件恢复为初始状态。

3. 列表显示区

列表显示区显示满足查询条件的记录信息,显示内容主要包括业务可用性、应到报时次、未到报时次、报文格式错误时次、数据错误时次,还有一个根据选择统计方式的可变显示列(包括型号、地域、台站、年度、月度)。

4. 功能菜单区

功能菜单区提供翻页、页面显示记录数量。翻页功能支持前翻页、后翻页,以及手动输入页码跳转页码。每页显示记录数量为下拉列表,可以选择每页显示 10、20、50、100、200 条或者全部记录。

5. 图表展示区

根据统计的数据转换成柱状图显示。

➢ 查询功能

查询业务可用性,必须选择开始时间和结束时间,在统计方式默认情况下,点击查询,则查询出该时间段内,该型号的业务可用性信息,页面参考国家站运行评估业务可用性评估。当列表中设备型号显示为空,则表示站点没配置设备型号的一起统计,有设备型号的单独统计。

4.1.3　维护维修

维护维修首页显示如下图所示。

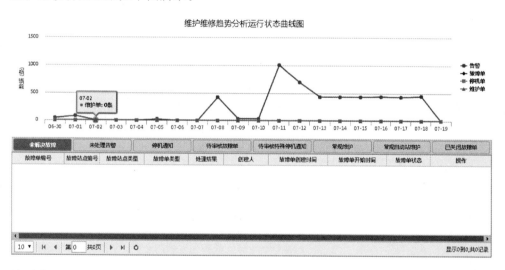

首页分为两个部分,上半部分是维护维修趋势分析曲线图,下半部分是列表展示,默认显示未解决故障。鼠标放在曲线上时会提示对应日期的记录条数;点击曲线图右侧的曲线说明可以隐藏/显示该条数;点击下半部分的 tab 页(未解决故障、未处理告警、停机通知、已提交故障单、待审核特殊停机)可以查询对应信息,并进行相关操作(具体操作参见维护维修相应的管理模块介绍)。

4.1.3.1　告警管理

4.1.3.1.1　装备告警管理

装备告警页面为所有装备告警的统一修改页面,唯一不同之处在于站点类型是可以选择切换的,在一个页面可以处理所有装备的告警。

Ⅰ．查询

整个界面从上到下划分为 4 部分,分别为查询条件区、按钮区、列表显示区和功能菜单区。

1．查询条件区

查询条件区是输入查询告警条件的区域,根据查询条件显示匹配的告警。查询条件包括:省(区)市县、站点名称、告警(起/至)时间以及告警状态。

2．按钮区

(1)查询—根据查询条件查询出数据显示在列表显示区;

(2)重置—初始化所有的查询条件。

3．列表显示区

作用是显示查询出来的站点信息。

4．功能菜单区

(1)翻页功能:第一页、上一页、下一页、最末页;

(2)页码输入:直接输入要查看的页码,点击右箭头或者按回车,直接跳到该页;

(3)每页显示数据条数:10、20、50、100、200、全部;

(4)导出文件:xls 文件、csv 文件、pdf 文件、打印功能。

Ⅱ．告警详细信息

在查询结果中直接点击某条记录,会弹出该站点的告警信息,如下图所示。

点击详细,可以查看告警的详细信息

Ⅲ．取消告警

告警状态为未处理时,取消告警操作可用。点击取消告警,则弹出确认对话框(如下图),点击确定,则取消告警,该条告警记录的告警状态变为已取消,如果告警类型为:缺测、极值超限、疑误则将到报表中该告警状态置成取消疑误;点击取消,则操作未生效,告警记录无变化。

点击 取消告警 弹出对话框

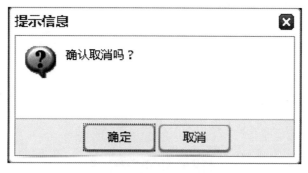

点击确定会进入取消告警页面,如下图,点击取消则取消当前操作

取消告警成功后,该条数据的操作置灰

用户如果想一次性取消多个告警则可以使用<u>批量取消</u>,使用方法如下:

通过弹出窗口第一列的标识符选择要取消的告警:

	告警类型	要素	告警级别	告警状态	告警时间	业务时间	操作
☐	综合告警_错误	10厘米地温	一般告警	未处理	2014-12-03 23:09:44	2014-12-03 23:00:00	详细 取消告警 生成故障单
☐	缺测	蒸发量	一般告警	未处理	2014-12-03 23:09:44	2014-12-03 23:00:00	详细 取消告警 生成故障单

点击按钮区的<u>批量取消</u> 弹出对话框:

点击确定,取消告警成功,点击取消无效果:

成功后除详细外,其余操作置灰:

4.1.3.1.2 新一代天气雷达告警管理

Ⅰ.查询

整个界面从上到下划分为 4 部分,分别为查询条件区、按钮区、列表显示区和功能菜单区。

1. 查询条件区

查询条件区是输入查询告警条件的区域,根据查询条件显示匹配的告警。查询条件包括:省(区)市县、站点名称、告警(起/至)时间以及告警状态。

2. 按钮区

(1)查询——根据查询条件查询出数据显示在列表显示区;

(2)重置——初始化所有的查询条件。

3. 列表显示区

作用是显示查询出来的站点信息。

4. 功能菜单区

(1)翻页功能:第一页、上一页、下一页、最末页;

(2)页码输入:直接输入要查看的页码,点击右箭头或者按回车,直接跳到该页;

(3)每页显示数据条数:10、20、50、100、200、全部;

(4)导出文件:xls 文件、csv 文件、pdf 文件、打印功能。

Ⅱ.告警详细信息

在查询结果中直接点击某条记录,会弹出该站点的告警信息,如下图所示:

点击详细,可以查看告警的详细信息:

Ⅲ. 取消告警

告警状态为未处理时,取消告警操作可用。点击取消告警,则弹出确认对话框(如下图),点击确定,则取消告警,该条告警记录的告警状态变为已取消,如果告警类型为:缺测、极值超限、疑误则将到报表中该告警状态置成取消疑误;点击取消,则操作未生效,告警记录无变化。

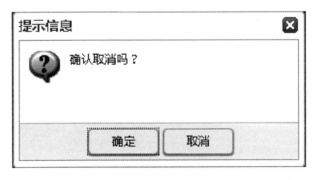

点击 取消告警 弹出对话框:

点击确定会进入取消告警页面,如下图,点击取消则取消当前操作

取消告警成功后,该条数据的操作置灰:

用户如果想一次性取消多个告警则可以使用<u>批量取消</u>,使用方法如下:

通过弹出窗口第一列的标识符选择要取消的告警:

	告警类型	要素	告警级别	告警状态	告警时间	业务时间	操作
☐	综合告警_错误	10厘米地温	一般告警	未处理	2014-12-03 23:09:44	2014-12-03 23:00:00	详细 取消告警 生成故障单
☐	缺测	蒸发量	一般告警	未处理	2014-12-03 23:09:44	2014-12-03 23:00:00	详细 取消告警 生成故障单

点击按钮区的<u>批量取消</u> 弹出对话框:

点击确定,取消告警成功,点击取消无效果:

成功后除详细外,其余操作置灰:

Ⅳ. 生成故障单

告警状态为未处理的告警记录,确认是故障时,可以使用生成故障单操作,对告警记录进行处理。

在悬浮窗口中点击 生成故障单 ,则弹出确认对话框(如下图):

点击取消,则告警记录无变化;点击确定,则弹出故障单信息对话框(如下图),填写故障单信息,点击保存,则告警记录生成相应故障单,同时告警记录的告警状态变为已转故障。

　　故障单信息中的站点名称、分系统、部件名称、故障现象以及故障原因、故障开始时间为必填项,不允许为空。其中分系统、部件名称为关联,即修改分系统则部件名称中的选项会改变。点击关闭,则关闭故障单信息对话框,输入信息不能保存,不会生成故障单,告警信息无变化。统一生成故障单操作与生成故障单一样。

　　新一代天气雷达故障单中【维修活动】为必填项,位置在【基本信息】右边第一个页签开始时间和结束时间必须在故障单的开始时间结束时间范围内。

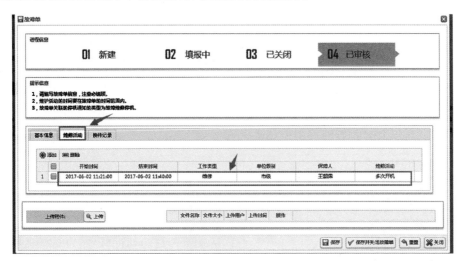

4.1.3.1.3　风廓线雷达告警管理

Ⅰ. 查询

整个界面从上到下划分为 4 部分,分别为查询条件区、按钮区、列表显示区和功能菜单区。

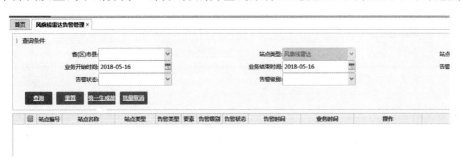

1. 查询条件区

查询条件区是输入查询告警条件的区域,根据查询条件显示匹配的告警。查询条件包括:省(区)市县、站点名称、告警(起/至)时间以及告警状态。

2. 按钮区

(1)查询—根据查询条件查询出数据显示在列表显示区;

(2)重置—初始化所有的查询条件。

3. 列表显示区

作用是显示查询出来的站点信息。

4. 功能菜单区

(1)翻页功能:第一页、上一页、下一页、最末页;

（2）页码输入：直接输入要查看的页码，点击右箭头或者按回车，直接跳到该页；

（3）每页显示数据条数：10、20、50、100、200、全部；

（4）导出文件：xls 文件、csv 文件、pdf 文件、打印功能。

Ⅱ. 告警详细信息

在查询结果中直接点击某条记录，会弹出该站点的告警信息，如下图所示：

点击详细，可以查看告警的详细信息：

Ⅲ. 取消告警

告警状态为未处理时，取消告警操作可用。点击取消告警，则弹出确认对话框（如下图），点击确定，则取消告警，该条告警记录的告警状态变为已取消，如果告警类型为：缺测、极值超限、疑误则将到报表中该告警状态置成取消疑误；点击取消，则操作未生效，告警记录无变化。

点击 取消告警 弹出对话框：

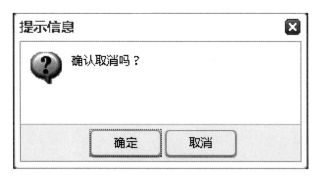

点击确定会进入取消告警页面,如下图,点击取消则取消当前操作:

取消告警成功后,该条数据的操作置灰:

详细 取消告警 生成故障单

用户如果想一次性取消多个告警则可以使用批量取消,使用方法如下:

通过弹出窗口第一列的标识符选择要取消的告警:

统一生成故障单 批量取消

	告警类型	要素	告警级别	告警状态	告警时间	业务时间	操作
☐	综合告警_错误	10厘米地温	一般告警	未处理	2014-12-03 23:09:44	2014-12-03 23:00:00	详细 取消告警 生成故障单
☐	缺测	蒸发量	般告警	未处理	2014-12-03 23:09:44	2014-12-03 23:00:00	详细 取消告警 生成故障单

点击按钮区的批量取消 弹出对话框:

点击确定,取消告警成功,点击取消无效果:

成功后除详细外,其余操作置灰:

详细 取消告警 生成故障单

详细 取消告警 生成故障单

Ⅳ. 生成故障单

告警状态为未处理的告警记录,确认是故障时,可以使用生成故障单操作,对告警记录进行处理。

在悬浮窗口中点击 生成故障单 ,则弹出确认对话框(如下图):

点击取消,则告警记录无变化;点击确定,则弹出故障单信息对话框(如下图),填写故障单信息,点击保存,则告警记录生成相应故障单,同时告警记录的告警状态变为已转故障。

故障单信息中的站点名称、分系统、部件名称、故障现象以及故障原因、故障开始时间为必填项,不允许为空。其中分系统、部件名称为关联,即修改分系统则部件名称中的选项会改变。点击关闭,则关闭故障单信息对话框,输入信息不能保存,不会生成故障单,告警信息无变化。统一生成故障单操作与生成故障单一样。

新建故障单页面填写必要的信息,下图提示信息及红框都是必填信息。

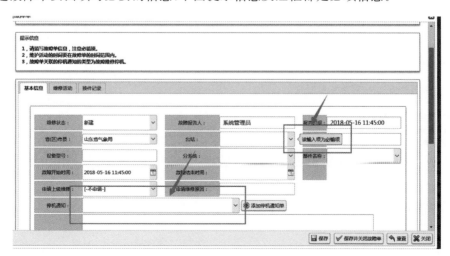

4.1.3.1.4 探空系统告警管理

Ⅰ. 查询

整个界面从上到下划分为 4 部分,分别为查询条件区、按钮区、列表显示区和功能菜单区。

1. 查询条件区

查询条件区是输入查询告警条件的区域,根据查询条件显示匹配的告警。查询条件包括:省(区)市县、站点名称、告警(起/至)时间以及告警状态。

2. 按钮区

(1)查询—根据查询条件查询出数据显示在列表显示区;

(2)重置—初始化所有的查询条件。

3. 列表显示区

作用是显示查询出来的站点信息。

4. 功能菜单区

(1)翻页功能:第一页、上一页、下一页、最末页;

(2)页码输入:直接输入要查看的页码,点击右箭头或者按回车,直接跳到该页;

(3)每页显示数据条数:10、20、50、100、200、全部;

(4)导出文件:xls 文件、csv 文件、pdf 文件、打印功能。

Ⅱ. 告警详细信息

在查询结果中直接点击某条记录,会弹出该站点的告警信息,如下图所示:

点击详细,可以查看告警的详细信息:

Ⅲ. 取消告警

　　告警状态为未处理时,取消告警操作可用。点击取消告警,则弹出确认对话框(如下图),点击确定,则取消告警,该条告警记录的告警状态变为已取消,如果告警类型为:缺测、极值超限、疑误则将到报表中该告警状态置成取消疑误;点击取消,则操作未生效,告警记录无变化。

点击 取消告警 弹出对话框:

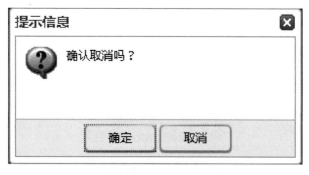

点击确定会进入取消告警页面,如下图,点击取消则取消当前操作:

取消告警成功后,该条数据的操作置灰:

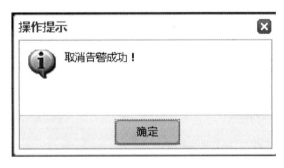

用户如果想一次性取消多个告警则可以使用 <u>批量取消</u>,使用方法如下:

通过弹出窗口第一列的标识符选择要取消的告警:

	告警类型	要素	告警级别	告警状态	告警时间	业务时间	操作
☐	综合告警_错误	10厘米地温	一般告警	未处理	2014-12-03 23:09:44	2014-12-03 23:00:00	详细 取消告警 生成故障单
☐	缺测	蒸发量	一般告警	未处理	2014-12-03 23:09:44	2014-12-03 23:00:00	详细 取消告警 生成故障单

点击按钮区的 <u>批量取消</u> 弹出对话框:

点击确定,取消告警成功,点击取消无效果:

成功后除详细外,其余操作置灰:

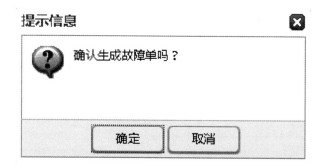

Ⅳ. 生成故障单

告警状态为未处理的告警记录,确认是故障时,可以使用生成故障单操作,对告警记录进行处理。

在悬浮窗口中点击 生成故障单 ,则弹出确认对话框(如下图):

点击取消,则告警记录无变化;点击确定,则弹出故障单信息对话框(如下图),填写故障单信息,点击保存,则告警记录生成相应故障单,同时告警记录的告警状态变为已转故障。

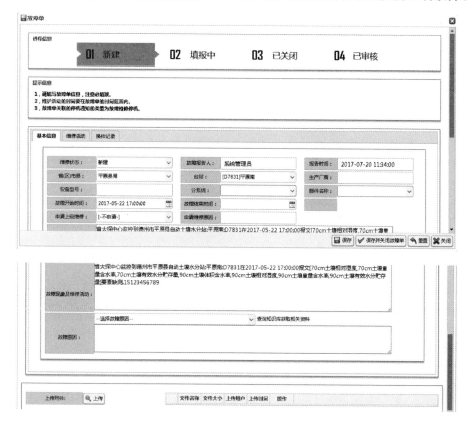

　　故障单信息中的站点名称、分系统、部件名称、故障现象以及故障原因、故障开始时间为必填项,不允许为空。其中分系统、部件名称为关联,即修改分系统则部件名称中的选项会改变。点击关闭,则关闭故障单信息对话框,输入信息不能保存,不会生成故障单,告警信息无变化。统一生成故障单操作与生成故障单一样。

　　新建故障单页面填写必要的信息,下图提示信息及红框都是必填信息。

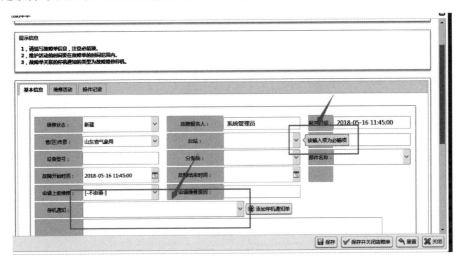

4.1.3.1.5　国家自动站告警管理

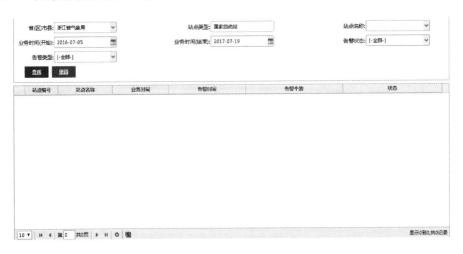

　　Ⅰ.查询

　　整个界面从上到下划分为4部分,分别为查询条件区、按钮区、列表显示区和功能菜单区。

　　1.查询条件区

　　查询条件区是输入查询告警条件的区域,根据查询条件显示匹配的告警。查询条件包括:省(区)市县、站点名称、告警(起/至)时间以及告警状态。

　　2.按钮区

　　(1)查询—根据查询条件查询出数据显示在列表显示区;

　　(2)重置—初始化所有的查询条件。

3. 列表显示区

作用是显示查询出来的站点信息。

4. 功能菜单区

(1)翻页功能:第一页、上一页、下一页、最末页;

(2)页码输入:直接输入要查看的页码,点击右箭头或者按回车,直接跳到该页;

(3)每页显示数据条数:10、20、50、100、200、全部;

(4)导出文件:xls 文件、csv 文件、pdf 文件、打印功能。

Ⅱ. 告警详细信息

在查询结果中直接点击某条记录,会弹出该站点的告警信息,如下图所示:

点击详细,可以查看告警的详细信息:

Ⅲ. 取消告警

　　告警状态为未处理时,取消告警操作可用。点击取消告警,则弹出确认对话框(如下图),点击确定,则取消告警,该条告警记录的告警状态变为已取消,如果告警类型为:缺测、极值超限、疑误则将到报表中该告警状态置成取消疑误;点击取消,则操作未生效,告警记录无变化。

点击 取消告警 弹出对话框：

点击确定会进入取消告警页面，如下图，点击取消则取消当前操作：

取消告警成功后，该条数据的操作置灰：

详细 取消告警 生成故障单

用户如果想一次性取消多个告警则可以使用批量取消，使用方法如下：
通过弹出窗口第一列的标识符选择要取消的告警：

统一生成故障单 批量取消

	告警类型	要素	告警级别	告警状态	告警时间	业务时间	操作
☐	综合告警_错误	10厘米地温	一般告警	未处理	2014-12-03 23:09:44	2014-12-03 23:00:00	详细 取消告警 生成故障单
☐	缺测	蒸发量	一般告警	未处理	2014-12-03 23:09:44	2014-12-03 23:00:00	详细 取消告警 生成故障单

点击按钮区的批量取消 弹出对话框：

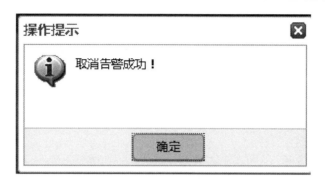

点击确定,取消告警成功,点击取消无效果:

成功后除详细外,其余操作置灰:

Ⅳ. 生成故障单

告警状态为未处理的告警记录,确认是故障时,可以使用生成故障单操作,对告警记录进行处理。

在悬浮窗口中点击 生成故障单 ,则弹出确认对话框(如下图):

点击取消,则告警记录无变化;点击确定,则弹出故障单信息对话框(如下图),填写故障单信息,点击保存,则告警记录生成相应故障单,同时告警记录的告警状态变为已转故障。

故障单信息中的站点名称、分系统、部件名称、故障现象以及故障原因、故障开始时间为必填项，不允许为空。其中分系统、部件名称为关联，即修改分系统则部件名称中的选项会改变。点击关闭，则关闭故障单信息对话框，输入信息不能保存，不会生成故障单，告警信息无变化。统一生成故障单操作与生成故障单一样。

国家自动站故障单中【维修活动】为必填项，位置在【基本信息】右边第一个页签开始时间和结束时间必须在故障单的开始时间结束时间范围内。

4.1.3.1.6　区域自动站告警管理

Ⅰ. 查询

整个界面从上到下划分为 4 部分,分别为查询条件区、按钮区、列表显示区和功能菜单区。

1. 查询条件区

查询条件区是输入查询告警条件的区域,根据查询条件显示匹配的告警。查询条件包括:省(区)市县、站点名称、告警(起/至)时间以及告警状态。

2. 按钮区

(1)查询—根据查询条件查询出数据显示在列表显示区;

(2)重置—初始化所有的查询条件。

3. 列表显示区

作用是显示查询出来的站点信息。

4. 功能菜单区

(1)翻页功能:第一页、上一页、下一页、最末页;

(2)页码输入:直接输入要查看的页码,点击右箭头或者按回车,直接跳到该页;

(3)每页显示数据条数:10、20、50、100、200、全部;

(4)导出文件:xls 文件、csv 文件、pdf 文件、打印功能。

Ⅱ. 告警详细信息

在查询结果中直接点击某条记录,会弹出该站点的告警信息,如下图所示:

点击详细,可以查看告警的详细信息:

Ⅲ. 取消告警

告警状态为未处理时,取消告警操作可用。点击取消告警,则弹出确认对话框(如下图),点击确定,则取消告警,该条告警记录的告警状态变为已取消,如果告警类型为:缺测、极值超限、疑误则将到报表中该告警状态置成取消疑误;点击取消,则操作未生效,告警记录无变化。

点击 取消告警 弹出对话框:

点击确定会进入取消告警页面,如下图,点击取消则取消当前操作:

取消告警成功后,该条数据的操作置灰:

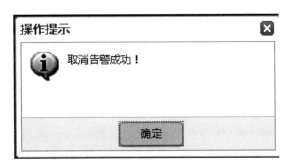

用户如果想一次性取消多个告警则可以使用**批量取消**,使用方法如下:

通过弹出窗口第一列的标识符选择要取消的告警:

	告警类型	要素	告警级别	告警状态	告警时间	业务时间	操作
☐	综合告警_错误	10厘米地温	一般告警	未处理	2014-12-03 23:09:44	2014-12-03 23:00:00	详细 取消告警 生成故障单
☐	缺测	蒸发量	一般告警	未处理	2014-12-03 23:09:44	2014-12-03 23:00:00	详细 取消告警 生成故障单

点击按钮区的**批量取消**弹出对话框:

点击确定,取消告警成功,点击取消无效果:

成功后除详细外,其余操作置灰:

Ⅳ. 生成故障单

告警状态为未处理的告警记录,确认是故障时,可以使用生成故障单操作,对告警记录进行处理。

在悬浮窗口中点击 生成故障单 ,则弹出确认对话框(如下图):

点击取消,则告警记录无变化;点击确定,则弹出故障单信息对话框(如下图),填写故障单信息,点击保存,则告警记录生成相应故障单,同时告警记录的告警状态变为已转故障。

故障单信息中的站点名称、分系统、部件名称、故障现象以及故障原因、故障开始时间为必填项,不允许为空。其中分系统、部件名称为关联,即修改分系统则部件名称中的选项会改变。点击关闭,则关闭故障单信息对话框,输入信息不能保存,不会生成故障单,告警信息无变化。统一生成故障单操作与生成故障单一样。

区域自动站故障单中【维修活动】为必填项,位置在【基本信息】右边第一个页签,开始时间和结束时间必须在故障单的开始时间结束时间范围内。

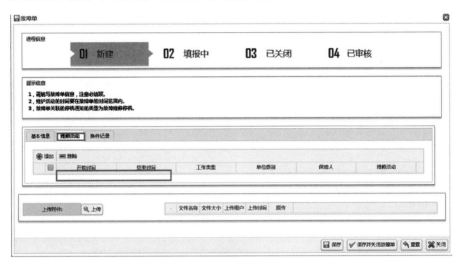

4.1.3.1.7　自动土壤水分站告警管理

Ⅰ.查询

整个界面从上到下划分为 4 部分,分别为查询条件区、按钮区、列表显示区和功能菜单区。

1.查询条件区

查询条件区是输入查询告警条件的区域,根据查询条件显示匹配的告警。查询条件包括:省(区)市县、站点名称、告警(起/至)时间以及告警状态。

2.按钮区

(1)查询—根据查询条件查询出数据显示在列表显示区;

(2)重置—初始化所有的查询条件。

3.列表显示区

作用是显示查询出来的站点信息。

4．功能菜单区

（1）翻页功能：第一页、上一页、下一页、最末页；

（2）页码输入：直接输入要查看的页码，点击右箭头或者按回车，直接跳到该页；

（3）每页显示数据条数：10、20、50、100、200、全部；

（4）导出文件：xls 文件、csv 文件、pdf 文件、打印功能。

Ⅱ．告警详细信息

在查询结果中直接点击某条记录，会弹出该站点的告警信息，如下图所示：

点击详细，可以查看告警的详细信息：

Ⅲ．取消告警

告警状态为未处理时，取消告警操作可用。点击取消告警，则弹出确认对话框（如下图），点击确定，则取消告警，该条告警记录的告警状态变为已取消，如果告警类型为：缺测、极值超限、疑误则将到报表中该告警状态置成取消疑误；点击取消，则操作未生效，告警记录无变化。

点击 取消告警 弹出对话框：

点击确定会进入取消告警页面，如下图，点击取消则取消当前操作：

取消告警成功后，该条数据的操作置灰：

詳细 取消告警 生成故障单

用户如果想一次性取消多个告警则可以使用批量取消，使用方法如下：
通过弹出窗口第一列的标识符选择要取消的告警：

统一生成故障单 批量取消

	告警类型	要素	告警级别	告警状态	告警时间	业务时间	操作
☐	综合告警_错误	10厘米地温	一般告警	未处理	2014-12-03 23:09:44	2014-12-03 23:00:00	详细 取消告警 生成故障单
☐	缺测	蒸发量	一般告警	未处理	2014-12-03 23:09:44	2014-12-03 23:00:00	详细 取消告警 生成故障单

点击按钮区的批量取消 弹出对话框：

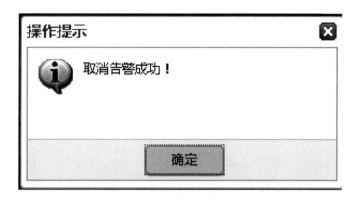

点击确定,取消告警成功,点击取消无效果:

成功后除详细外,其余操作置灰:

Ⅳ. 生成故障单

告警状态为未处理的告警记录,确认是故障时,可以使用生成故障单操作,对告警记录进行处理。

在悬浮窗口中点击 生成故障单 ,则弹出确认对话框(如下图):

点击取消,则告警记录无变化;点击确定,则弹出故障单信息对话框(如下图),填写故障单信息,点击保存,则告警记录生成相应故障单,同时告警记录的告警状态变为已转故障。

故障单信息中的站点名称、分系统、部件名称、故障现象以及故障原因、故障开始时间为必填项,不允许为空。其中分系统、部件名称为关联,即修改分系统则部件名称中的选项会改变。点击关闭,则关闭故障单信息对话框,输入信息不能保存,不会生成故障单,告警信息无变化。统一生成故障单操作与生成故障单一样。

土壤水分观测站故障单中【维修活动】为必填项,位置在【基本信息】右边第一个页签,开始时间和结束时间必须在故障单的开始时间结束时间范围内。

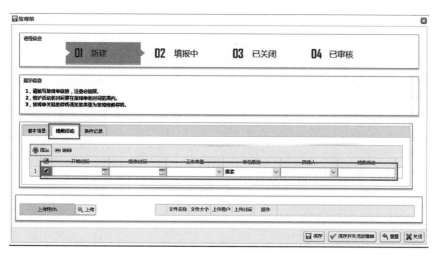

4.1.3.1.8 GPS/MET 水汽站告警管理

Ⅰ. 查询

整个界面从上到下划分为 4 部分,分别为查询条件区、按钮区、列表显示区和功能菜单区。

1. 查询条件区

查询条件区是输入查询告警条件的区域,根据查询条件显示匹配的告警。查询条件包括:省(区)市县、站点名称、告警(起/至)时间以及告警状态。

2. 按钮区

(1)查询—根据查询条件查询出数据显示在列表显示区;

(2)重置—初始化所有的查询条件。

3. 列表显示区

作用是显示查询出来的站点信息。

4. 功能菜单区

(1)翻页功能:第一页、上一页、下一页、最末页;

(2)页码输入:直接输入要查看的页码,点击右箭头或者按回车,直接跳到该页;

(3)每页显示数据条数:10、20、50、100、200、全部;

(4)导出文件:xls 文件、csv 文件、pdf 文件、打印功能。

Ⅱ. 告警详细信息

在查询结果中直接点击某条记录,会弹出该站点的告警信息,如下图所示:

点击详细,可以查看告警的详细信息:

Ⅲ．取消告警

告警状态为未处理时，取消告警操作可用。点击取消告警，则弹出确认对话框（如下图），点击确定，则取消告警，该条告警记录的告警状态变为已取消，如果告警类型为：缺测、极值超限、疑误则将到报表中该告警状态置成取消疑误；点击取消，则操作未生效，告警记录无变化。

点击 取消告警 弹出对话框：

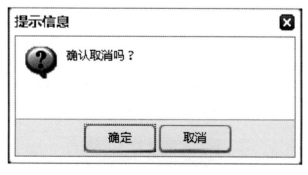

点击确定会进入取消告警页面，如下图，点击取消则取消当前操作：

取消告警成功后,该条数据的操作置灰:

详细 取消告警 生成故障单

用户如果想一次性取消多个告警则可以使用批量取消,使用方法如下:
通过弹出窗口第一列的标识符选择要取消的告警:

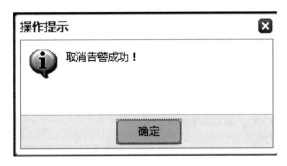

点击按钮区的批量取消 弹出对话框:

点击确定,取消告警成功,点击取消无效果:

成功后除详细外,其余操作置灰:

详细 取消告警 生成故障单

详细 取消告警 生成故障单

Ⅳ．生成故障单

告警状态为未处理的告警记录,确认是故障时,可以使用生成故障单操作,对告警记录进行处理。

在悬浮窗口中点击 生成故障单 ,则弹出确认对话框(如下图):

点击取消,则告警记录无变化;点击确定,则弹出故障单信息对话框(如下图),填写故障单信息,点击保存,则告警记录生成相应故障单,同时告警记录的告警状态变为已转故障。

故障单信息中的站点名称、分系统、部件名称、故障现象以及故障原因、故障开始时间为必填项,不允许为空。其中分系统、部件名称为关联,即修改分系统则部件名称中的选项会改变。点击关闭,则关闭故障单信息对话框,输入信息不能保存,不会生成故障单,告警信息无变化。统一生成故障单操作与生成故障单一样。

新建故障单页面填写必要的信息,下图提示信息及红框都是必填信息。

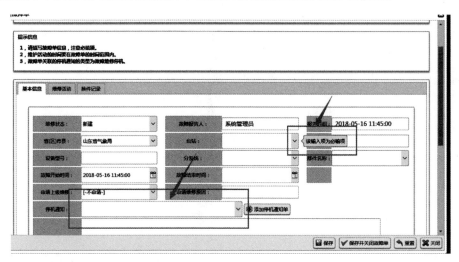

4.1.3.1.9 雷电监测站告警管理

Ⅰ. 查询

整个界面从上到下划分为 4 部分,分别为查询条件区、按钮区、列表显示区和功能菜单区。

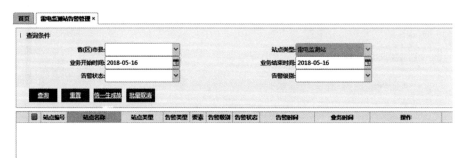

1. 查询条件区

查询条件区是输入查询告警条件的区域,根据查询条件显示匹配的告警。查询条件包括:省(区)市县、站点名称、告警(起/至)时间以及告警状态。

2. 按钮区

(1)查询—根据查询条件查询出数据显示在列表显示区;

(2)重置—初始化所有的查询条件。

3. 列表显示区

作用是显示查询出来的站点信息。

4. 功能菜单区

(1)翻页功能:第一页、上一页、下一页、最末页;

（2）页码输入：直接输入要查看的页码，点击右箭头或者按回车，直接跳到该页；

（3）每页显示数据条数：10、20、50、100、200、全部；

（4）导出文件：xls 文件、csv 文件、pdf 文件、打印功能。

Ⅱ. 告警详细信息

在查询结果中直接点击某条记录，会弹出该站点的告警信息，如下图所示：

点击详细，可以查看告警的详细信息：

Ⅲ. 取消告警

告警状态为未处理时，取消告警操作可用。点击取消告警，则弹出确认对话框（如下图），点击确定，则取消告警，该条告警记录的告警状态变为已取消，如果告警类型为：缺测、极值超限、疑误则将到报表中该告警状态置成取消疑误；点击取消，则操作未生效，告警记录无变化。

点击 取消告警 弹出对话框：

点击确定会进入取消告警页面,如下图,点击取消则取消当前操作:

取消告警成功后,该条数据的操作置灰:

详细 取消告警 生成故障单

用户如果想一次性取消多个告警则可以使用<u>批量取消</u>,使用方法如下:
通过弹出窗口第一列的标识符选择要取消的告警:

<u>统一生成故障单</u> <u>批量取消</u>

☐	告警类型	要素	告警级别	告警状态	告警时间	业务时间	操作
☐	综合告警_错误	10厘米地温	一般告警	未处理	2014-12-03 23:09:44	2014-12-03 23:00:00	详细 取消告警 生成故障单
☐	缺测	蒸发量	一般告警	未处理	2014-12-03 23:09:44	2014-12-03 23:00:00	详细 取消告警 生成故障单

点击按钮区的<u>批量取消</u>弹出对话框:

点击确定,取消告警成功,点击取消无效果:

成功后除详细外,其余操作置灰:

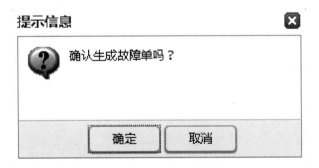

Ⅳ. 生成故障单

告警状态为未处理的告警记录,确认是故障时,可以使用生成故障单操作,对告警记录进行处理。

在悬浮窗口中点击 生成故障单 ,则弹出确认对话框(如下图):

提示信息

确认生成故障单吗?

确定　　取消

点击取消,则告警记录无变化;点击确定,则弹出故障单信息对话框(如下图),填写故障单信息,点击保存,则告警记录生成相应故障单,同时告警记录的告警状态变为已转故障。

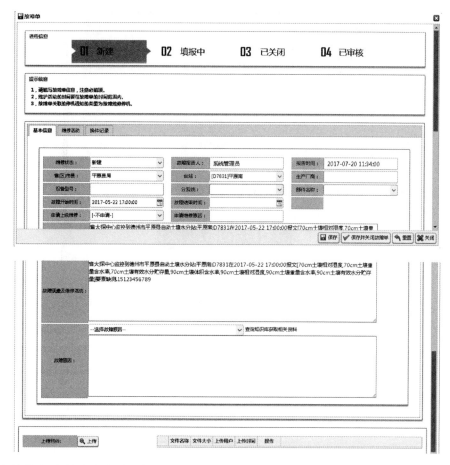

故障单信息中的站点名称、分系统、部件名称、故障现象以及故障原因、故障开始时间为必填项,不允许为空。其中分系统、部件名称为关联,即修改分系统则部件名称中的选项会改变。点击关闭,则关闭故障单信息对话框,输入信息不能保存,不会生成故障单,告警信息无变化。统一生成故障单操作与生成故障单一样。

新建故障单页面填写必要的信息,下图提示信息及红框都是必填信息。

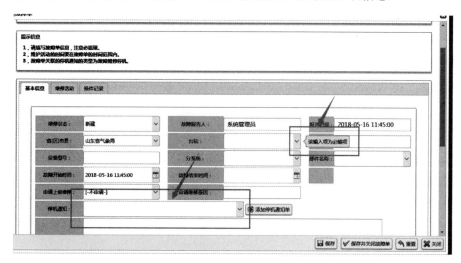

4.1.3.1.10 大气成分站告警管理

Ⅰ.查询

整个界面从上到下划分为 4 部分,分别为查询条件区、按钮区、列表显示区和功能菜单区。

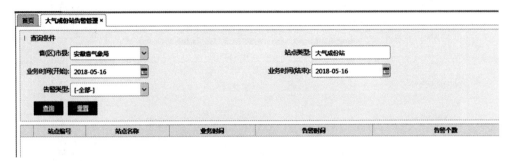

1. 查询条件区

查询条件区是输入查询告警条件的区域,根据查询条件显示匹配的告警。查询条件包括:省(区)市县、站点名称、告警(起/至)时间以及告警状态。

2. 按钮区

(1)查询—根据查询条件查询出数据显示在列表显示区;

(2)重置—初始化所有的查询条件。

3. 列表显示区

作用是显示查询出来的站点信息。

4. 功能菜单区

(1)翻页功能:第一页、上一页、下一页、最末页;

(2)页码输入:直接输入要查看的页码,点击右箭头或者按回车,直接跳到该页;

(3)每页显示数据条数:10、20、50、100、200、全部;

(4)导出文件:xls 文件、csv 文件、pdf 文件、打印功能。

Ⅱ.告警详细信息

在查询结果中直接点击某条记录,会弹出该站点的告警信息,如下图所示:

点击详细,可以查看告警的详细信息

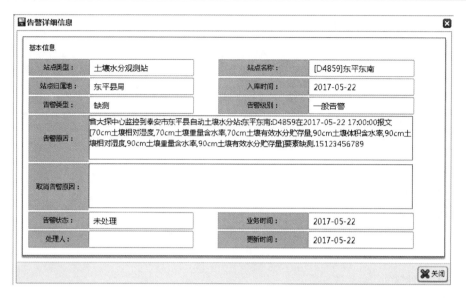

Ⅲ. 取消告警

告警状态为未处理时,取消告警操作可用。点击取消告警,则弹出确认对话框(如下图),点击确定,则取消告警,该条告警记录的告警状态变为已取消,如果告警类型为:缺测、极值超限、疑误则将到报表中该告警状态置成取消疑误;点击取消,则操作未生效,告警记录无变化。

点击 **取消告警** 弹出对话框:

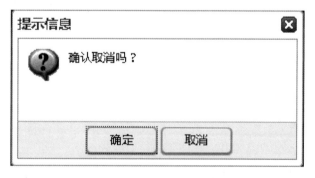

点击确定会进入取消告警页面,如下图,点击取消则取消当前操作:

取消告警成功后,该条数据的操作置灰:

详细 取消告警 生成故障单

用户如果想一次性取消多个告警则可以使用批量取消,使用方法如下:

通过弹出窗口第一列的标识符选择要取消的告警:

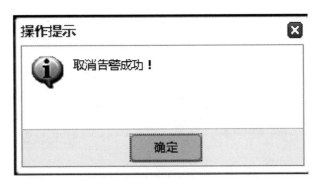

点击按钮区的批量取消 弹出对话框:

点击确定,取消告警成功,点击取消无效果:

成功后除详细外,其余操作置灰:

Ⅳ. 生成故障单

告警状态为未处理的告警记录,确认是故障时,可以使用生成故障单操作,对告警记录进行处理。

在悬浮窗口中点击 生成故障单 ,则弹出确认对话框(如下图):

点击取消,则告警记录无变化;点击确定,则弹出故障单信息对话框(如下图),填写故障单信息,点击保存,则告警记录生成相应故障单,同时告警记录的告警状态变为已转故障。

　　故障单信息中的站点名称、分系统、部件名称、故障现象以及故障原因、故障开始时间为必填项,不允许为空。其中分系统、部件名称为关联,即修改分系统则部件名称中的选项会改变。点击关闭,则关闭故障单信息对话框,输入信息不能保存,不会生成故障单,告警信息无变化。统一生成故障单操作与生成故障单一样。

　　新建故障单页面填写必要的信息,下图提示信息及红框都是必填信息。

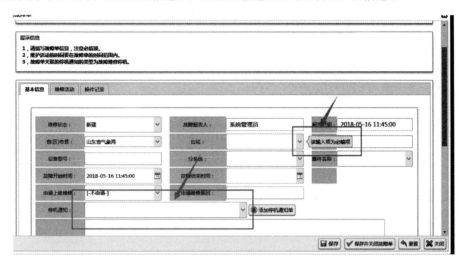

4.1.3.1.11　风能观测站告警管理

　　Ⅰ.查询

　　整个界面从上到下划分为 4 部分,分别为查询条件区、按钮区、列表显示区和功能菜单区。

　　1. 查询条件区

　　查询条件区是输入查询告警条件的区域,根据查询条件显示匹配的告警。查询条件包括:省(区)市县、站点名称、告警(起/至)时间以及告警状态。

　　2. 按钮区

　　(1)查询——根据查询条件查询出数据显示在列表显示区;

　　(2)重置——初始化所有的查询条件。

　　3. 列表显示区

　　作用是显示查询出来的站点信息。

4. 功能菜单区

(1)翻页功能:第一页、上一页、下一页、最末页;

(2)页码输入:直接输入要查看的页码,点击右箭头或者按回车,直接跳到该页;

(3)每页显示数据条数:10、20、50、100、200、全部;

(4)导出文件:xls 文件、csv 文件、pdf 文件、打印功能。

Ⅱ. 告警详细信息

在查询结果中直接点击某条记录,会弹出该站点的告警信息,如下图所示:

点击详细,可以查看告警的详细信息:

Ⅲ. 取消告警

告警状态为未处理时,取消告警操作可用。点击取消告警,则弹出确认对话框(如下图),点击确定,则取消告警,该条告警记录的告警状态变为已取消,如果告警类型为:缺测、极值超限、疑误则将到报表中该告警状态置成取消疑误;点击取消,则操作未生效,告警记录无变化。

点击 取消告警 弹出对话框：

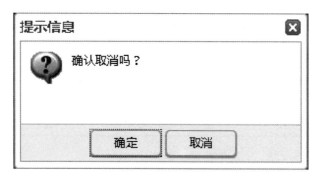

点击确定会进入取消告警页面，如下图，点击取消则取消当前操作：

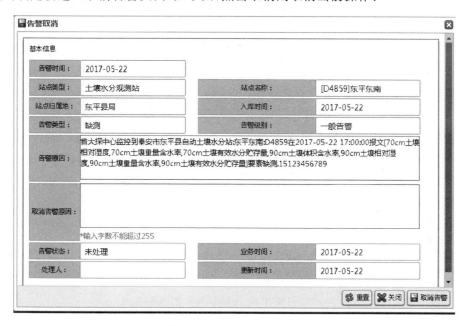

取消告警成功后，该条数据的操作置灰：

详细 取消告警 生成故障单

用户如果想一次性取消多个告警则可以使用批量取消，使用方法如下：

通过弹出窗口第一列的标识符选择要取消的告警：

统一生成故障单 批量取消

	告警类型	要素	告警级别	告警状态	告警时间	业务时间	操作
☐	综合告警_错误	10厘米地温	一般告警	未处理	2014-12-03 23:09:44	2014-12-03 23:00:00	详细 取消告警 生成故障单
☐	缺测	蒸发量	一般告警	未处理	2014-12-03 23:09:44	2014-12-03 23:00:00	详细 取消告警 生成故障单

点击按钮区的批量取消 弹出对话框：

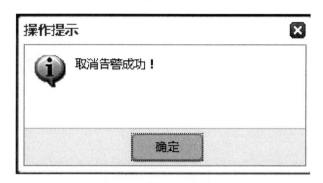

点击确定，取消告警成功，点击取消无效果：

成功后除详细外，其余操作置灰：

详细 取消告警 生成故障单
详细 取消告警 生成故障单

Ⅳ. 生成故障单

告警状态为未处理的告警记录，确认是故障时，可以使用生成故障单操作，对告警记录进行处理。

在悬浮窗口中点击 生成故障单 ，则弹出确认对话框（如下图）：

点击取消，则告警记录无变化；点击确定，则弹出故障单信息对话框（如下图），填写故障单信息，点击保存，则告警记录生成相应故障单，同时告警记录的告警状态变为已转故障。

　　故障单信息中的站点名称、分系统、部件名称、故障现象以及故障原因、故障开始时间为必填项,不允许为空。其中分系统、部件名称为关联,即修改分系统则部件名称中的选项会改变。点击关闭,则关闭故障单信息对话框,输入信息不能保存,不会生成故障单,告警信息无变化。统一生成故障单操作与生成故障单一样。

　　新建故障单页面填写必要的信息,下图提示信息及红框都是必填信息。

4.1.4　供应管理

4.1.4.1　采购入库流程

　　系统允许用户通过采购方式将设备备件等物资接入到系统中,并保存在采购方组织机构所属仓库中。每件通过采购方式入库的物资均有自己唯一的编码,系统能够通过这个编码进行设备物资的全生命周期管理。

　　采购方式入库需要入库单与合同绑定进行录入,而合同可以通过用户新建或者引入计划进行生成,所以在填写入库单之前,需要进入计划管理与合同管理功能。下面详细说明一下全面的流程有哪些。

4.1.4.1.1 计划管理

1. 计划新建

进入计划管理—我的计划功能,点击新建,进行计划制定,即采购方计划采购哪些设备,为方便说明,我们暂定为计划命名为 TEST。通过手动方式录入信息。

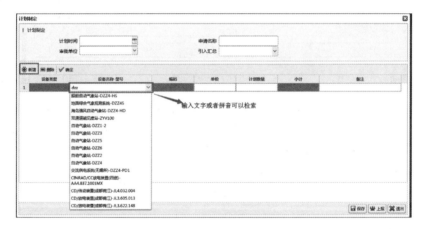

图示如下:

说明如下:

当点击查询列表控制区的新建按钮是打开我的计划手动操作操作窗口,手动操作窗口对标签管理方式、批次管理方式的设备都可以制订计划。

控制区注明如下:

新增:新增按钮用来增加表单明细表的数据记录。

清除:当选择表单明细区某条记录时,可点击清除探针清除掉该条记录。

加载:加载按钮用来根据基本信息区选择的引入汇总引入表单明细记录。

保存:保存为表单提交按钮,主要功能有提交前的数据验证和提交操作。

上报:当计划制作并保存提交完成后上报按钮自动点亮,上报的单位取决于基本信息区的上报单位选项。

退出:退出当前操作窗口。

2. 计划上报

计划 TEST 新建完毕后,需要将此计划进行上报(可以上报给本级或者上级单位)

图示如下：

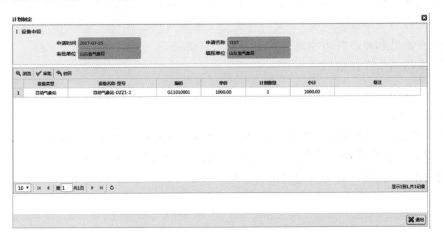

说明如下：

前面说过，当在计划新建页面上点击保存完成后，上报按钮会自动点亮，点击上报按钮，计划 TEST 就会自动上报给对应已选择好的上报单位。

3. 计划审批

下级或本级新建并上报给本级的计划 TEST 会出现在列表中，可以进行审批。

图示如下：

点击浏览按钮，进入审批界面：

说明如下：

点击审批按钮，视为审批通过，通过后，计划 TEST 就可被本级在新建计划的时候被汇总，还可以直接被本级新建的合同引用。若点击驳回，计划 TEST 变为未上报状态，由计划 TEST 制定者更改后再次上报。

4. 计划汇总（非必需）

在计划流程中是非必需流程，用来将下级、本级、上报的计划进行汇总，并生成一个统一的计划，此功能在市级与省级应用较多。

图示如下：

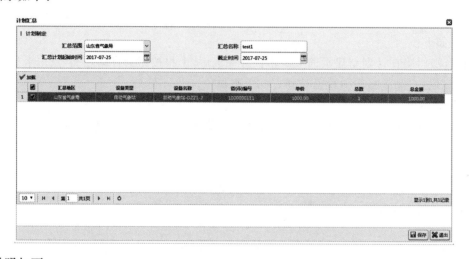

说明如下：

点击查询列表结果展示页控制区新建按钮可打开计划汇总操作窗口，在操作窗口基本信息区的汇总范围选项标明了汇总的范围，该范围标出的是汇总的是上报单位为本地的计划，汇总计划起始时间和截止时间范围用来控制汇总上报的时间范围，汇总的计划必须为该范围内。

控制区注明如下：

全选：当点击全选按钮时可全选表单明细的所有记录。

反选：反选根据当前选择的情况进行选择。

加载：当用户把基本信息录入后，点击加载按键将根据基本信息加载表单明细。

保存：保存为表单提交按钮，主要功能有提交前的数据验证和提交操作。

预览：在浏览和修改时可预览并打印当前汇总信息。

退出：退出当前操作窗口。

4.1.4.1.2　合同管理（必要前提）

1. 创建合同

进入合同管理—我的合同功能，点击新建，进行合同制定。合同新建界面可以通过新增或引入计划将需要采购的物资罗列到本界面中。若进行合同制定前，进行过计划操作，并且已存在审批通过的计划，那么就可以直接进行引用。

合同创建图示如下：

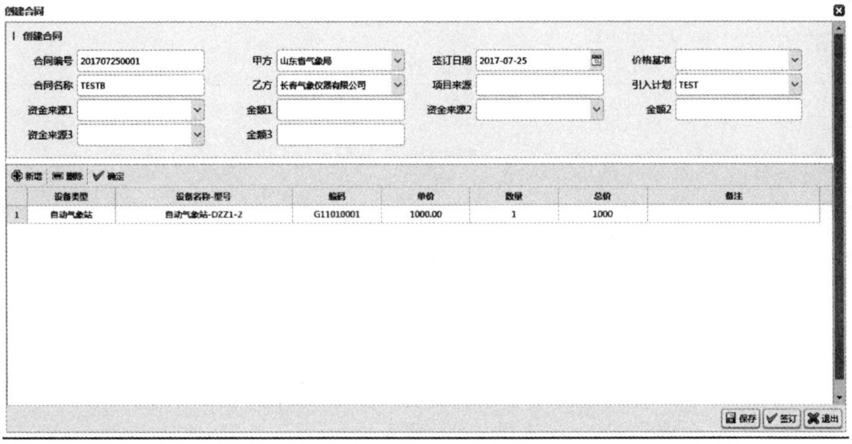

说明如下：

点击我的合同查询列表页的新建可打开创建合同对话窗口，合同创建时可引入我创建的计划和价格基准。这里我们引入上一步新建的计划 TEST，并命名合同名称为 TESTB。

操作区注明如下：

新增：新增时可增加表单明细并不受引入计划的限制和约束。

清除：当选择表单明细区某条记录时，可点击清除探针清除掉该条记录。

引入：当选择我的计划后可点击引入将引入我的计划明细信息。

保存：保存为表单提交按钮，主要功能有提交前的数据验证和提交操作。

签订：当点击签订按钮后合同将状态更新为签订，将不可修改。

退出：退出当前操作窗口。

2. 合同签订

新建保存后的合同状态为制单，可以任意修改，不可在流程中应用，当点击保存后，签订按钮会点亮，只有点击签订使合同变为签订状态后，系统流程才可以引用此合同。

图示如下：

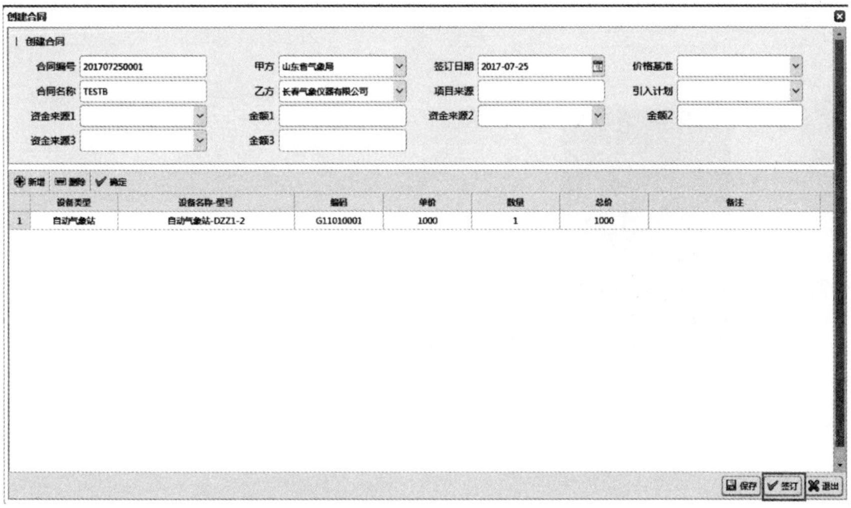

3. 价格基准（非必需）

合同管理中存在价格基准功能，为非必需功能。

价格基准图示如下：

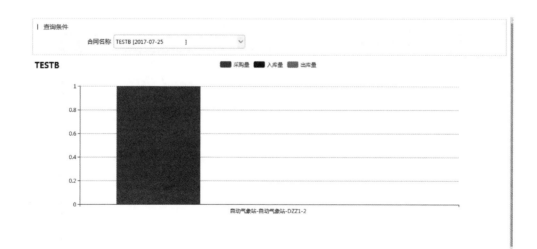

说明如下：

价格基准是创建合同的合同明细价格参考调协功能，可以在不同时间设置不同的价格基准，价格基准不做为强制性约束，在选择价格基准和类型选择后可自动加载相关的型号设备，在表单明细中填入基准价格即可自动保存。

控制区注明如下：

预览：预览并打印当价格基准设置信息。

退出：退出当前操作窗口。

4. 合同执行分析（非必需）

合同执行分析图示如下：

合同执行分析说明如下：

合同执行分析图用来对合同的采购量、入库量、出库量进行柱状直观的展示，用来确定当前合同的执行情况，通过左上角的下拉框自动加载合同执行分析。

4.1.4.1.3　账单管理

通过前面进行的计划制定、合同制定产生的已审批计划、已签订合同，就可以进行下一步：制定采购入库单流程了。

采购方式入库通过点击账单管理→入库管理→新建进入功能界面。

入库管理功能对所有的入库表单进行集中管理，内容包含采购入库、调拨入库、借用入库、送修入库、盘点入库。此处我们重点说采购入库（见下图）。

入库表单的控制区增加了单据类型选择项，使用入库表单时根据不同的业务需要选择控制区不同的选项，它们对应的业务类型如下：

采购入库：采购入库和合同直接关联，在使用时选择基本信息区的合同，系统将自动加载表单明细，表单明细会自动根据已入库的情况计算剩余数量，入库时可根据来货情况入库，并可多次入库。

控制区注明如下：

明细打印：可打印当前表单明细的所有设备明细信息。

打印标签：可打印采购入库的所有表单明细入库的时的设备标签。

保存：保存为表单提交按钮，主要功能有提交前的数据验证和提交操作。

预览：在浏览和修改时可预览并打印当前单据信息。

退出：退出当前操作窗口。

1. 创建采购入库单

进入到入库单新建界面，将单选按钮选中采购入库，在合同一栏中的下拉列表中会看到我们刚刚制定的合同 TESTB（见下图）。

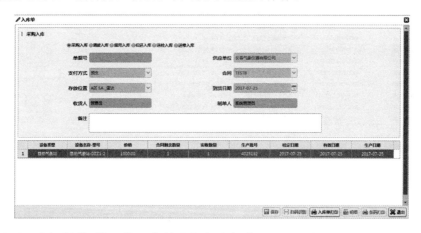

选择 TESTB 合同中已录入的备件会自动列入到下面的列表中，用户根据实际情况进行填写，若实收数量少于合同的数量，说明合同未完成，再次建立入库单据时仍可以选择此合同，并且数量只剩未完成的数量。

图中数量、批次、日期都为必填项。填写完毕后点击保存。

保存后可以进行浏览，并且将入库单进行打印操作。

2. 采购入库单入库

上步操作仅仅完成了制单流程，此时物资还没有真正进入到库存中，需要在入库管理界面列表中，点击入库。

会弹出需要确认的入库单和未填写全的入库单信息。

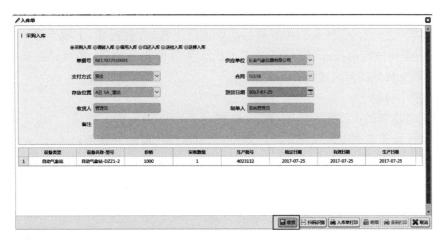

点击收货后才将入库单真正入库。

入库同时会给设备生成条形码信息。

入库后此单据的状态变为已收货,库存中也多出了我们入库的这些设备。

	入库单类型	入库单号	供应单位	单据时间	单据数量	收货人	入库单状态
1	采购入库	RK17072510001	长春气象仪器有限公司	2017-07-25 10:41:44	1	管理员	已收货

考虑到日积月累,单据会在此页面上罗列太多,导致工作不方便,我们在操作上加入了完成按钮,对于已完成流程的单据点击完成后,单据会在入库管理功能列表中消失,若要查看,需要到入库单查询功能中进行查询。

4.1.4.2 调拨方式出库流程

4.1.4.2.1 账单管理

1. 调拨出库新建

进行调拨出库新建,可将本级库存中的物资进行调拨,下拨到下级单位,调拨出库分为两种方式,一种是手动方式,一种是自动方式。

➤ 手动方式(手动录入只能录入耗材)

①说明如下：

当调拨出库类型时系统自动分析系统数据，可用增加按钮增加调拨单明细记录信息。调拨时也可直接将合同引入，按合同中罗列的物资进行下拨，方便操作，上图直接按照之前新建好的 TESTB 合同进行调拨，列表中自动显示出所关联的设备物资，用户只需要填写接收单位、接收人、调拨数量即可完成操作。

②控制区注明如下：

新增：新增按钮用来增加表单明细表的数据记录。

清除：当选择表单明细区某条记录时，可点击清除探针清除掉该条记录。

保存：保存为表单提交按钮，主要功能有提交前的数据验证和提交操作。

预览：在浏览和修改时可预览并打印当前单据信息。

退出：退出当前操作窗口。

➤ 自动方式

①图示如下：

②说明如下：

自动方式调拨出库只针对标签管理的设备，批次管理的设备不能对使用该功能进行调拨出库，并且使用依赖自动扫描设备（无线扫描枪），相比手动方式要简单。同时控制区增加了两个无线扫描枪的辅助二维码扫描标签。

清除：当选择表单明细区某条记录时，可点击清除探针清除掉该条记录。

保存：保存为表单提交按钮，主要功能有提交前的数据验证和提交操作。

加载：加载按钮用来根据扫描枪扫描的数据引入表单明细记录。

退出：退出当前操作窗口。

记录标签：当制作计划时先用扫描枪扫描记录标签通知扫描枪模式为记录在本地设备上，这样可远离接收设备进行扫描。

上传标签：当扫描操作结束后扫描上传标签可将记录在扫描枪上的数据上传到操作表单上。

2. 调拨出库出库

上步操作仅仅完成了制单流程,此时物资还没有真正从库存中转出,需要在出库管理界面列表中,点击出库,调拨出库才算真正执行完成。

点击出库后,会弹出页面需要填写发货数量:

点击发货,此单据的状态变为已发货,库存中也少了这些发出的设备。

考虑到日积月累,单据会在此页面上罗列太多,导致工作不方便,我们在操作上加入了完成按钮,对于已完成流程的单据点击完成后,单据会在出库管理功能列表中消失,若要查看,需要到出库单查询功能中进行查询。

4.1.4.3 借用方式出库流程

4.1.4.3.1 借用出库

借用出库分为:内部借用出库、外部借用出库、内部归还出库和外部归还出库。在操作中根据需要可分为手动录入和自动录入

1. 手动录入(手动录入只能录入耗材)

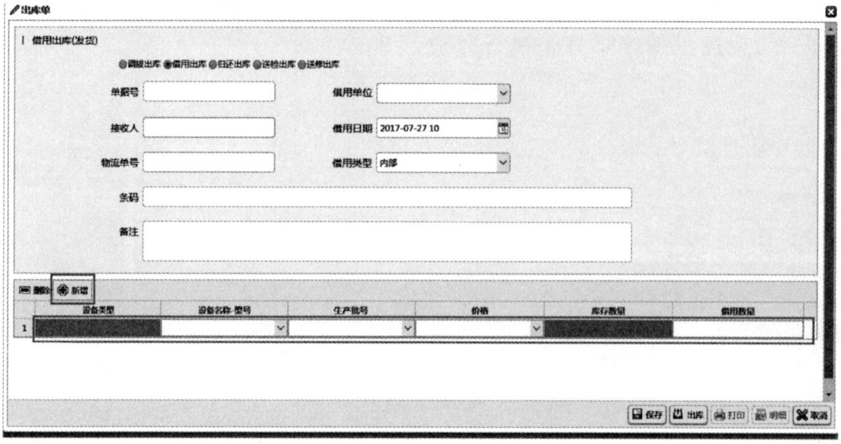

2. 自动录入(只能录入观测设备和组件)

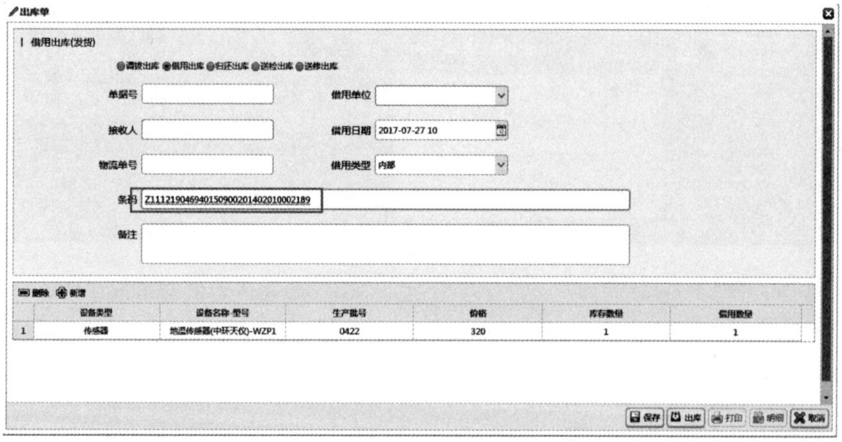

4.1.4.3.1.1　内部借用出库

内部借用出库,是将本仓库内的设备借用给系统内其他单位的操作。

1. 内部借用手动录入(手动录入只能录入耗材)

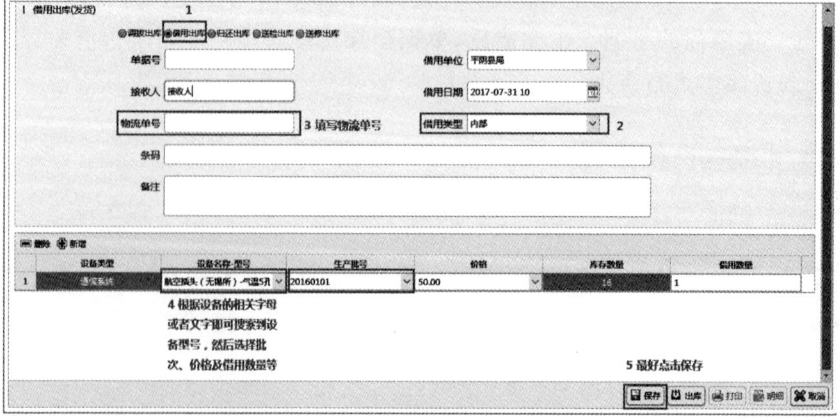

新增及删除说明：

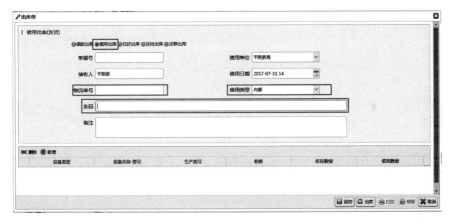

删除：如果想删除某一行耗材，点击删除按钮即可。

新增：如果借出的不只一种耗材，点击新增，可以追加借用项目。

2．内部借用自动录入（只能录入观测设备和组件）

通过扫描条形码，将自动加载出库设备，件数，生成批号等，不需要手动输入设备信息。

点击出库，发货到借用单位。

4.1.4.3.1.2 外部借用出库

外部借用出库,是将本仓库内的设备借用给系统外其他单位的操作。

1. 外部借用手动录入

新增及删除说明：

点击保存按钮,保存出库单。

外部借用出库出库

录入条形码保存后,出库列表中查询出库单,点击出库。发货：

点击发货,设备发出,系统标记该设备为外部借用。

4.1.4.3.2 归还出库

4.1.4.3.2.1 内部归还出库

内部归还出库,将本单位借用系统内其他单位的设备进行归还的操作。

内部归还自动录入：

条码：利用扫描枪扫描归还的设备条码，如果符合归还条件的，归还数量将自动加 1。

出库与借用的自动出库操作相同。录入保存后，列表中查询到归还单据，点击出库。

4.1.4.3.2.2　外部归还出库

将外部借用入库单单据归还给外部单位。

外部归还出库保存。

选择归还类型：外部，归还单为：选择外部借用入库单单号。自动加载出待归还的设备数据。

外部归还自动录入：

根据借用外部单据加载数据。根据扫描条码，自动更新归还数量。

外部归还出库发货。

录入保存后，出库列表查询归还出库单单据，点击出库按钮。设备将发送至外部单位。

4.1.4.4　借用方式入库流程

4.1.4.4.1　借用入库

借用入库同调拨入库类似，根据借用出库单号自动加载借用单信息，无须录入可自动入库。

1. 内部借用入库

内部借用入库，是其他单位借用给本单位的出库单进行入库单操作。

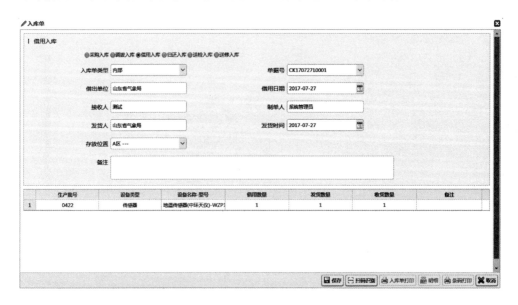

点击保存，将设备入库到本单位仓库内。

2. 外部借用入库（借入）

外部借用入库（借入），是外部其他单位借给本单位设备入库单操作。

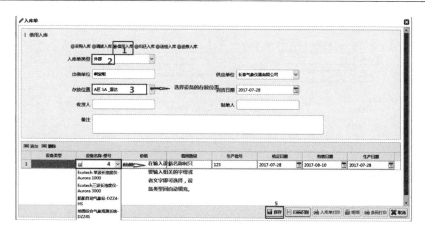

填写设备相关信息。点击保存。

入库：在入库单列表，选择借用入库单，点击入库按钮。

根据弹出提示框信息内容，点击"确定"完成入库单的入库功能。

（入库单同时会生成仪器的二维码）

4.1.4.4.2　归还入库

外部归还入库，是将外部借用出库单据，进行归还的操作。

点击归还入库，选择入库单类型"外部"，借出单据"选择对应外部借用出库单的单据号"自动加载出外部待归还的设备。

信息填写后如下图所示：

填写相关信息，点击保存。

入库：选择待入库单外部归还入库单，提示是否入库，点击确定，将设备入库到本系统内。

点击"确定"完成入库单的入库功能。

（入库单同时会生成仪器的二维码）

4.1.4.5　送检方式出库流程

送检出库:选择送检单位(检定所),填写送检数据后保存即可。

自动录入方式:

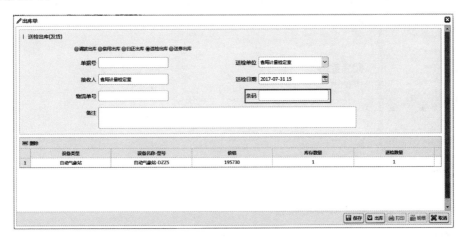

数据录入:

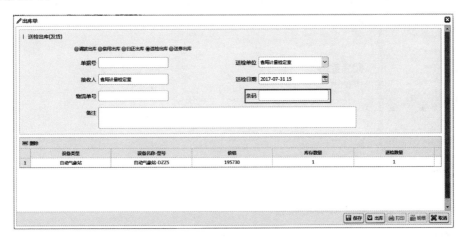

条码:通过扫描设备条码,加载送检出库设备数据。

出库后就可以在计量检定中查看刚才出库的单据。

选择出库数据后,点击出库。设备发送至接收单位。

删除:删除状态为待出库的数据。

浏览:非编辑模式下观看单据。

明细:显示当前出库单据的设备列表。可连接打印。

完成:已收货状态的单据,可点击此按钮结束设备流转。

4.1.4.6　送检方式入库流程

4.1.4.6.1　账单管理

1. 下级送检新建(必要前提)

具体见送检方式出库流程。

2. 下级送检出库(必要前提)

具体见送检方式出库流程。

3. 送检入库

新建入库单:点击:入库管理→新建入库选择送检入库,出现如下页面:

选择一个单据系统会自动填充数据。

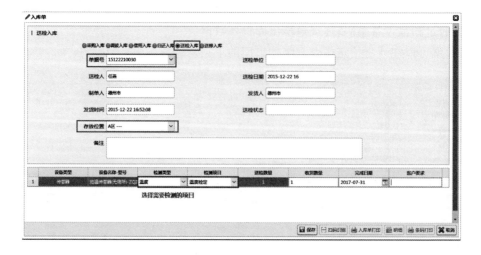

用户选择好本地存放位置、设备检测项目,点击保存就可以入库成功。

入库单打印:点击后,显示入库单详细信息,可连接打印。

明细:显示入库单中,入库设备明细,可连接打印。

条码打印:显示入库单中所有设备的条码,可打印成标签粘贴至设备上。

入库单打印:

明细打印:

打印标签：

新增送检入库单后，在入库单管理中会查看到刚才新增的送检入库单，点击完成后，入库完成。可以在《入库单查询》中查看已经完成的入库单。

4.1.4.7 送修方式出库流程

1. 送修新建

账单管理→出库管理→新建，出现如下图：

选择送修单位后，通过扫描设备条码追加出库设备信息。

送修单位为保障科。点击保存，出库单生成成功。

2. 送修出库

出库功能：点击发货，保存成功。

4.1.4.8 送修方式入库流程

1. 下级送修新建(必要前提)

具体见送修方式出库流程

2. 下级送修出库(必要前提)

具体见送修方式出库流程

3. 送修入库

新建入库单:点击:入库管理→新建入库选择送修入库,出现如下页面:

选择单据号,系统会根据单据号自动填充数据信息。

选择存放位置,保存。入库成功。

4.1.4.9 盘点管理

盘点管理是将库存中物资的数量进行盘点统计与调整。

4.1.4.9.1 盘点管理

1. 我的盘点

我的盘点共分为两种类型:手动盘点和自动盘点,手动盘点对所有管理类型的设备不区分形式都可进行盘点,自动盘点只能对标签管理的设备进行盘点操作。

创建盘点说明如下:

创建盘点时当选择按设备类型将可选择设备的第一级进行保存便创建了盘点,当点击开始后将自动加载所选盘点类型相关的仓储明细加载到盘点表单的明细中并可预览打印。

控制区注明如下:

自动:扫码二维码,进行自动盘点。

保存:点击保存时将根据基本信息区的录入进行验证并保存盘点表单。

开始:点击开始时将根据保存的盘点表单进行加载盘点表单明细。

预览:当盘点表单已保存后可以使用预览进行预览和打印,并使用打印的盘点表单进行盘点记录。

结束:当盘点结束后点击此按键,表示可以将盘点结果录入到系统中了。

退出:退出当前操作窗口

手动盘点:

出现下页:

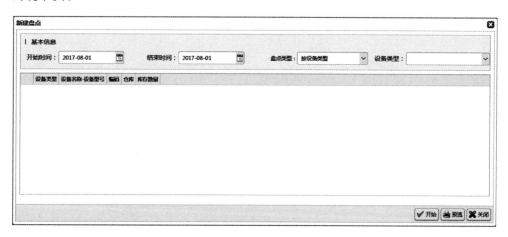

进行条件填写,盘点类型可以按照设备类型:

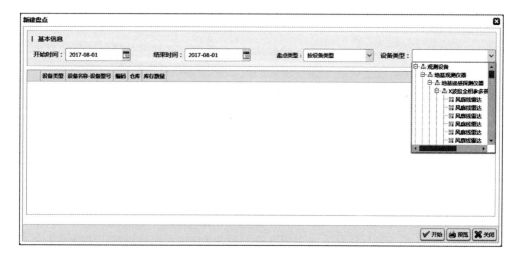

或是按照库位盘点：

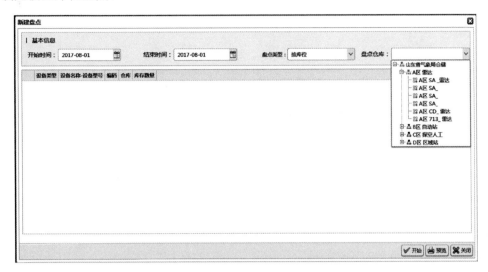

设置好条件后进行,点击保存,然后点击开始。

然后点击关闭,列表中出现刚才新增的盘点单,状态为结束。

点击浏览。出现浏览页面,如下图。预览按钮可以打印,此次盘点已经结束。

自动盘点：

点击自动按钮：

点击开始按钮，条码输入后自动加载设备项目：

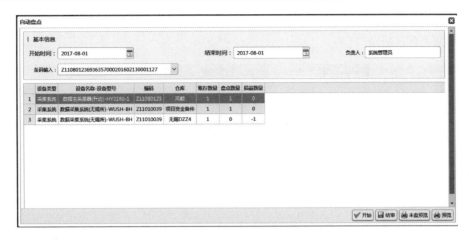

点击未盘预览：

点击结束：

我的盘点就已经结束，如果是手动盘点，就进行盘点记录，如果是自动盘点，就直接跳过盘点记录进入到盘点审批。

2. 盘点记录

盘点记录是将实际的盘点记录录入到系统中对应的盘点单中。只有在手动盘点时才需要进行盘点记录。

盘点记录说明如下：

盘点记录是在盘点结束后进行的手动记录操作，当查询列表时请选择查询条件的盘点类型是按库位还是按盘点类型，点击查询结果列表展示区，点击记录可打开记录对话窗口的表单。

控制区注明如下：

完成：点击完成后将不能继续录入，盘点表单将到下一步审批中去。

预览：当盘点表单已录入完成后可以使用预览进行预览和打印。

退出：退出当前操作窗口。

点击菜单"盘点记录"列表：

点击记录：

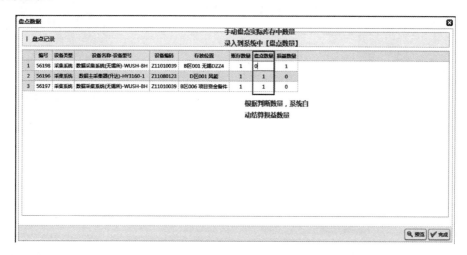

点击完成会弹出确认窗口，点击确认记录完成，同时该记录变成完成状态。

3. 盘点审批

盘点审批说明如下：

当盘点记录完成后将进行审批，在盘点审批的列表和操作对话窗口中可查询到原始记录和录入的情况，可根据录入情况和实际进行审核。

控制区注明如下：

批准：当批准后表示同意当前的盘点结果，账单可进行下一步操作。

驳回：驳回当前的盘点录入结果进行重新录入。

预览：当盘点表单已录入完成后可以使用预览进行预览和打印。

退出：退出当前操作窗口。

完成盘点记录的盘点单可以在盘点审批中进行审批通过或者驳回。通过则可以在盘点入库中查询到对应的盘点单，如果驳回则回到盘点记录中，可以重新进行盘点记录操作。

点击盘点审批列表：

点击"查询"按钮，查询出对应已经完成对盘点单：

点击上传附件:

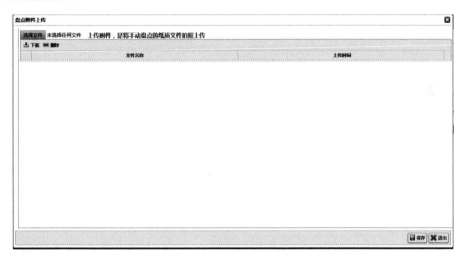

点击浏览按钮:

浏览已经记录完成的盘点单,

点击"驳回"按钮,将盘点记录驳回。点击"批准"审批通过,盘点流程结束。

4. 盘点辅助图功能

图示如下：

盘点辅助说明如下：

盘点辅助图是协助盘点人员进行盘点的功能，在选择盘点节点后系统将根据盘点表单进行分析确定要盘点的设备都存放在哪些位置上。

4.1.4.9.2　入库管理

入库管理功能对所有的入库表单进行集中管理，内容包含采购入库、调拨入库、借用入库、归还入库、送检入库、送修入库。

图示如下：

说明如下：

入库表单的控制区增加了单据类型选择项，使用入库表单时根据不同的业务需要选择控制区不同的选项，它们对应的业务类型如下：

控制区注明如下：

明细打印：可打印当前表单明细的所有设备明细信息。

打印标签：可打印采购入库的所有表单明细入库时的设备标签。

保存：保存为表单提交按钮，主要功能有提交前的数据验证和提交操作。

预览：在浏览和修改时可预览并打印当前单据信息。

退出：退出当前操作窗口。

4.1.4.10　备件使用回收流程

针对换下已经损坏的设备进行送修出库，具体业务流程如下图所示。

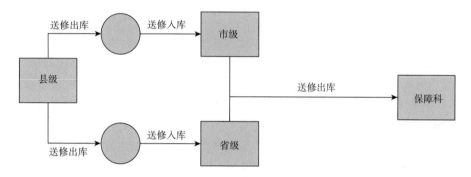

针对库存仪器设备出现超检时，对仪器设备进行入库。

主要业务流程如下图所示。

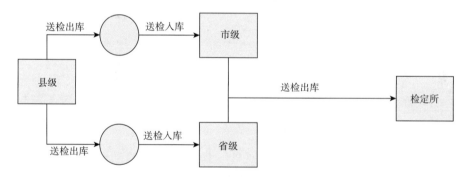

4.1.4.10.1　账单管理（必要前提）

1. 下级送修出库单

具体请看送修出库流程。

2. 送修入库单

具体请看送修入库流程。

4.1.4.10.2　使用管理

1. 回收处埋

省级用户图示如下：

三种状态的设备在操作窗口中可根据状态选择进行自动加载，不同级别的用户使用不同的操作窗口（如图示），台站级用户可将待处理的设备进行人工判定损坏，通过送修处理。

省级用户可申请报废或修改或使用台站级相同功能进行操作，当使用申请报废时必须经过审批，具体请看下面报废审批功能介绍。

申请报废，备件走报废审批流程。

修复完成，备件自动回到当前库存中，作为已修复备件可重新进入流转。

2. 报废审批

报废审批功能是对省级用户提交上来的报废申请进行集中管理的功能，便于用户对设备进行有效控制（见下图）。

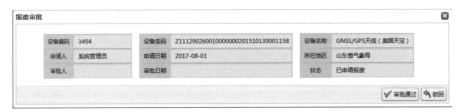

控制区注明如下：

批准：当点击批准后表单明细中所列设备将结束生命周期。

驳回：如果点击驳回功能，系统将不会处理相关设备需用户重新提交。

退出：退出当前操作窗口。

4.2 台站人员业务说明

4.2.1 运行监控

运行监控首页显示如下图所示。

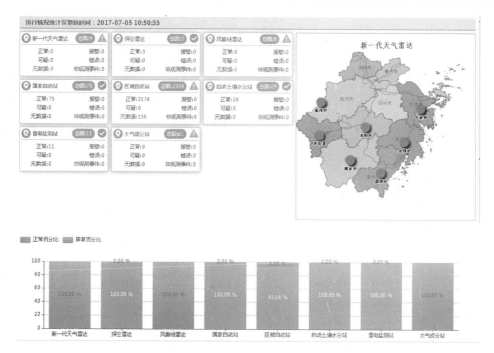

首页分为两个部分,上半部分是 10 种装备整体监控统计,下半部分是柱状图表展示,默认为新一代天气雷达的柱状图。点击站点类型,链接到的是各装备的地图展示;点击柱状图底部的站点类型,可以对应显示该站点类型的柱状图。

4.2.1.1　新一代天气雷达

4.2.1.1.1　天气雷达运行监控

新一代天气雷达运行监控页面:

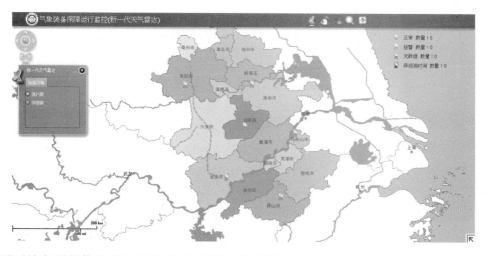

页面站点到报信息分为两种,简版和详细版,默认显示为简版的到报信息,当鼠标左键点击站点时,显示以下信息:

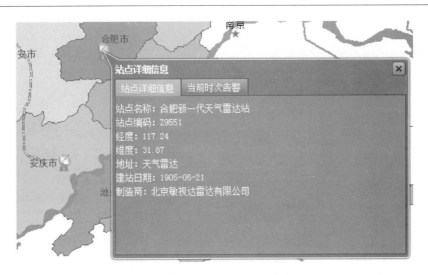

右键单击站点图标，显示如下图，可以查看最近一次运行状态。

1. 地图控制区

上下左右按钮可以移动地图显示，放大、缩小按钮可以整体放大缩小地图或者放大缩小部分区域的地图。此外、也可以用鼠标控制地图的位置和大小。

地图操作区

默认显示第一个，为站点类型信息。

➤ 站点信息填图

点击此按钮，则会弹出可填图的选项列表，如下图所示。

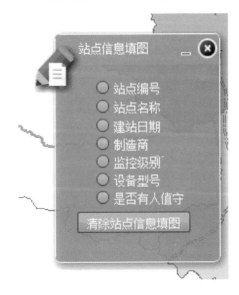

选择相应的填图信息,则地图上就会显示各站点的相应信息,如站点名称填图:

点击清除按钮,则地图上的填图信息就会清除。

➤ 地图控制

点击地图控制,弹出控制选项的列表,默认全部勾选:

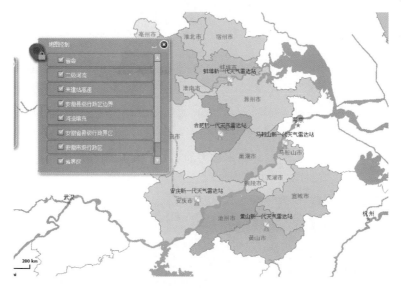

例如取消未建站,则对应的图示消失:

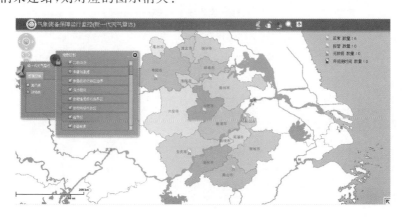

➢ 查询

点击查询,弹出查询的页面:

支持模糊匹配,当输入站点名称或站点编号时,点击确定,则在地图上会定位此站点:

➢ 站点统计

可以统计当前站点数，以及当前小时告警站点数量。

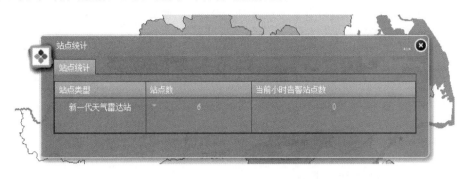

4.2.1.1.2　运行时序图简版

新一代天气雷达运行时序图简版页面如下图所示。

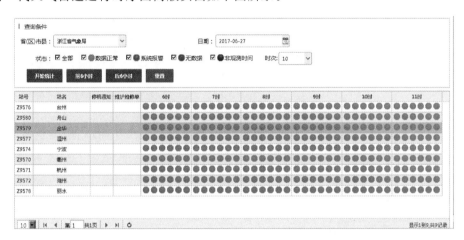

整个界面从上到下划分为 4 部分，分别为查询条件区、按钮区、列表显示区和功能菜单区。

1. 查询条件区

查询条件区是输入查询条件的区域，根据查询条件显示匹配的查询结果。查询条件包括：省(区)市县、站点类型默认为当前进入的站点类型、日期和查询列表中图例的说明，查询条件区查询条件默认显示全部。

2. 按钮区

按钮区包括开始统计、前 8 小时、后 8 小时、重置按钮，查询按钮的功能是查询与查询条件匹配的时序图信息，并在列表显示区显示，重置按钮的功能是将输入的查询条件恢复为初始状态，前 8 小时按钮是查询出在当前显示时次的前 8 个小时的信息，后 8 小时按钮时查询出在当前显示时次的后 8 小时信息。

3. 列表显示区

列表显示区显示满足查询条件的时序图记录信息，显示内容主要包括站点、时次(00 到 23 时，由按钮控制)。

4. 功能菜单区

功能菜单区提供翻页、页面显示记录数量。翻页功能支持前翻页、后翻页、首页、末尾页，以及手动输入页码跳转页码。每页显示记录数量为下拉列表，可以选择每页显示 10、20、50、100、200 条或者全部记录。

➢ 统计功能

查询站点时序图不选择任何查询条件，在默认的条件下，查询当前时间所有新一代天气雷达站点的时序图信息，如下图所示。

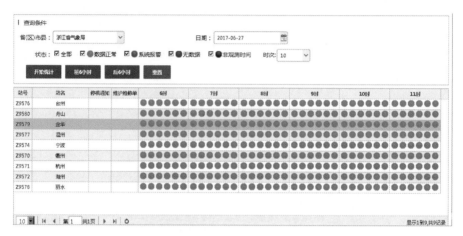

当选择区市县中某个地区时，查询列表只显示当前地区的时序图信息，当更改日期条件时，查询列表则显示所选日期的时序图信息，如下图所示。

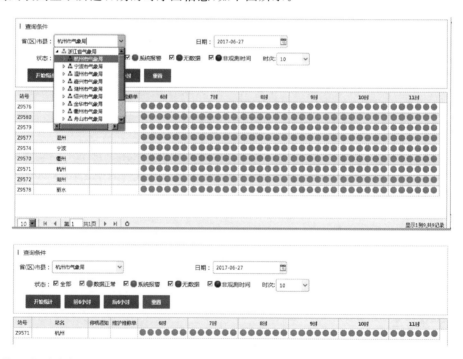

➢ 前 8 小时功能

由于新一代天气雷达是每 10 分钟报一次数据，则 1 小时有 6 次，这样当列表显示是 00—

07 时,点击前 8 小时,则还是显示当前时次的数据,若列表显示的是 08 时以后的数据,则点击前 8 小时按钮时就会查询出前 8 小时的观测数据时序图情况。

➢ 后 8 小时功能

同前 8 小时按钮相同,当列表显示 16—23 时,点击后 8 小时,则还是显示当前时次的数据,若列表显示的是 16 时以前的数据,则点击后 8 小时按钮时就会查询出后 8 小时的观测数据时序图情况。

点击前 8 小时按钮时:

站号	站名	停机通知	维护维修单	6时	7时	8时	9时	10时	11时
Z9571	杭州								

查询完成之后:

站号	站名	停机通知	维护维修单	0时	1时	2时	3时	4时	5时
Z9571	杭州								

➢ 查看详细

点击时序图圆点图标,会弹出一个悬浮窗口,如下图所示。

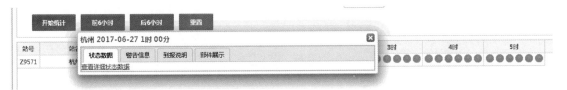

该窗口显示状态数据,告警信息,维护维修,部件展示等四项内容。点击状态数据下的"查看详细状态数据",会打开如下图所示页面,显示当前时次该站点的状态数据。

如存在告警信息,告警信息下会显示相应的告警内容,可以对告警信息进行相关处理。如不存在则提示"无告警信息"。

存在告警信息：

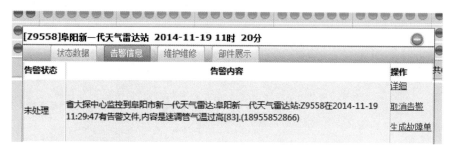

详细按钮：查看告警详细信息。

取消告警：

点击确定,会进入取消告警页面;点击取消,则取消当前操作。

生成故障单:

点击确定,以当前选中的告警信息生成故障单。

点击取消,取消当前操作。

维护维修 tab 页,如果存在未处理故障单,维护单,停机单,在本页面都会显示数量以及部分信息,点击故障单编号可以进入相应单据的处理页面。点击故障单的全部可以查询所有当前未处理的故障单信息。

[Z9558]阜阳新一代天气雷达站 2014-11-19 11时 20分

| 状态数据 | 告警信息 | **维护维修** | 部件展示 |

到报状态说明

雷达开机,有告警文件告警

故障单:全部(1)条

故障单编号	故障单类型	故障单状态	故障开始时间
WX341412041003	普通告警转故障单	新建	2014-11-07 10:45:25

停机通知单

无停机通知信息

维护单

无维护信息

部件展示 tab 页,如果存在故障部件,可以点击查看。不存在故障部件该页内容为空。

➤ 功能菜单区

请参考 3.2.2 节。

4.2.1.1.3 运行时序图详版

新一代天气雷达详细版时序图页面:

整个界面从上到下划分为 4 部分,分别为查询条件区、按钮区、列表显示区和功能菜单区。

1. 查询条件区:

查询条件区是输入查询条件的区域,根据查询条件显示匹配的查询结果。查询条件包括:省(区)市县、站点类型默认为当前进入的站点类型、日期和查询列表中图例的说明,查询条件区查询条件默认显示全部。

2. 按钮区:

按钮区包括开始统计、前 8 小时、后 8 小时、重置按钮,查询按钮的功能是查询与查询条件匹配的时序图信息,并在列表显示区显示,重置按钮的功能是将输入的查询条件恢复为初始状态,前 8 小时按钮是查询出在当前显示时次的前 8 个小时的信息,后 8 小时按钮时查询出在当前显示时次的后 8 小时信息。

3. 列表显示区:

列表显示区显示满足查询条件的时序图记录信息,显示内容主要包括站点、时次(00 到 23时,由按钮控制)。

4. 功能菜单区:

功能菜单区提供翻页、页面显示记录数量。翻页功能支持前翻页、后翻页,以及手动输入页码跳转页码。每页显示记录数量为下拉列表,可以选择每页显示 10、20、50、100、200 条或者全部记录。

➢ 统计功能

查询站点时序图不选择任何查询条件,在默认的条件下,查询当前时间所有新一代天气雷达详细的时序图信息,如下图所示。

当选择区市县中某个地区时,查询列表只显示当前地区的时序图信息,当更改日期条件时,查询列表则显示所选日期的时序图信息,如下图所示。

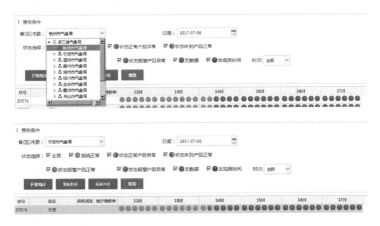

> 前 8 小时功能

由于新一代天气雷达是每 10 分钟报一次数据,则 1 小时报 6 次,这样当列表显示是 00—07 时,点击前 8 小时,则还是显示当前时次的数据,若列表显示的是 08 时以后的数据,则点击前 8 小时按钮时就会查询出前 8 小时的观测数据时序图情况。

> 后 8 小时功能

同前 8 小时按钮相同,当列表显示 16—23 时,点击后 8 小时,则还是显示当前时次的数据,若列表显示的是 16 时以前的数据,则点击后 8 小时按钮时就会查询出后 8 小时的观测数据时序图情况。详细请参考简版。

> 查看详细

请参考简版。

> 功能菜单区

请参考 3.2.2 节。

4.2.1.2 风廓线雷达

4.2.1.2.1 风廓线雷达运行监控

风廓线雷达运行监控首页:

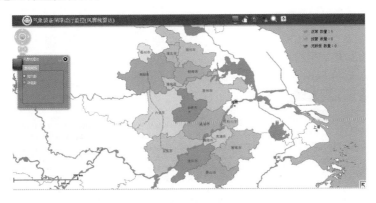

最上边工具条请参考新一代天气雷达运行监控。

➢ 查看站点详细信息

鼠标左键点击站点：

➢ 查看站点其他信息

鼠标右键点击站点

可以查看该时刻该站点的观测数据，告警数据和故障单数据。

4.2.1.2.2　运行时序图简版

风廓线雷达运行时序图简版页面：

　　整个界面从上到下划分为 4 部分,分别为查询条件区、按钮区、列表显示区和功能菜单区。

　　1. 查询条件区

　　查询条件区是输入查询条件的区域,根据查询条件显示匹配的查询结果。查询条件包括:区市县、站点类型默认为当前进入的站点类型、日期和查询列表中图列的说明,查询条件区查询条件默认显示全部。

　　2. 按钮区

　　按钮区包括开始统计、前 8 小时、后 8 小时、重置按钮,查询按钮的功能是查询与查询条件匹配的时序图信息,并在列表显示区显示,重置按钮的功能是将输入的查询条件恢复为初始状态,前 8 小时按钮是查询出在当前显示时次的前 8 个小时的信息,后 8 小时按钮时查询出在当前显示时次的后 8 小时信息。

　　3. 列表显示区

　　列表显示区显示满足查询条件的时序图记录信息,显示内容主要包括站点、时次(00 到 23 时,由按钮控制)。

　　4. 功能菜单区

　　功能菜单区提供翻页、页面显示记录数量。翻页功能支持前翻页、后翻页、首页、末尾页,以及手动输入页码跳转页码。每页显示记录数量为下拉列表,可以选择每页显示 10、20、50、100、200 条或者全部记录。

　　➢ 统计功能

　　查询站点时序图不选择任何查询条件,在默认的条件下,查询当前时间所有风廓线雷达的时序图信息,如下图所示。

　　当选择区市县中某个地区时,查询列表只显示当前地区的时序图信息,当更改日期条件时,查询列表则显示所选日期的时序图信息,如下图所示。

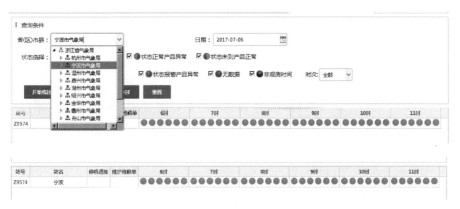

➢ 前 8 小时功能

由于新一代天气雷达是每 10 分钟报一次数据,则一小到 6 次,这样当列表显示是 00—07时,点击前 8 小时,则还是显示当前时次的数据,若列表显示的是 08 时以后的数据,则点击前 8 小时按钮时就会查询出前 8 小时的观测数据时序图情况。

➢ 后 8 小时功能

同前 8 小时按钮相同,当列表显示 16—23 时,点击后 8 小时,则还是显示当前时次的数据,若列表显示的是 16 时以前的数据,则点击后 8 小时按钮时就会查询出后 8 小时的观测数据时序图情况。

➢ 查看详细

请参考新一代天气雷达运行时序图。

➢ 功能菜单区

请参考 3.2.2 节。

4.2.1.2.3 运行时序图详细版

风廓线雷达详细版时序图页面:

整个界面从上到下划分为 4 部分,分别为查询条件区、按钮区、列表显示区和功能菜单区。

1. 查询条件区

查询条件区是输入查询条件的区域,根据查询条件显示匹配的查询结果。查询条件包括:区市县、站点类型默认为当前进入的站点类型、日期和查询列表中图列的说明,查询条件区查询条件默认显示全部。

2. 按钮区

按钮区包括开始统计、前 8 小时、后 8 小时、重置按钮,查询按钮的功能是查询与查询条件匹配的时序图信息,并在列表显示区显示,重置按钮的功能是将输入的查询条件恢复为初始状态,前 8 小时按钮是查询出在当前显示时次的前 8 个小时的信息,后 8 小时按钮时查询出在当前显示时次的后 8 小时信息。

3. 列表显示区

列表显示区显示满足查询条件的时序图记录信息,显示内容主要包括站点、时次(00 到 23时,由按钮控制)。

4. 功能菜单区

功能菜单区提供翻页、页面显示记录数量。翻页功能支持前翻页、后翻页,以及手动输入页码跳转页码。每页显示记录数量为下拉列表,可以选择每页显示 10、20、50、100 条。

➤ 统计功能

查询站点时序图不选择任何查询条件,在默认的条件下,查询当前时间所有风廓线雷达详细的时序图信息,如下图所示。

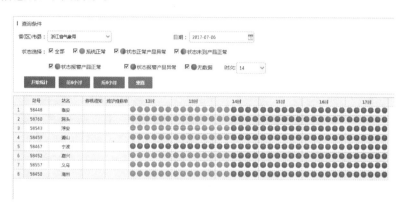

当选择区市县中某个地区时,查询列表只显示当前地区的时序图信息,当更改日期条件时,查询列表则显示所选日期的时序图信息,如下图所示。

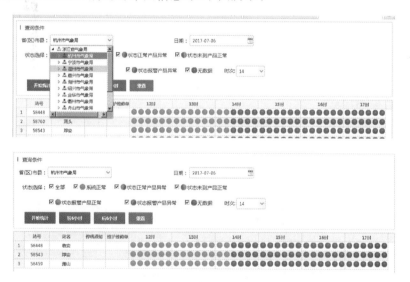

当鼠标划到一个查询列表中的一个时序图时,若该站点该时刻有数据,则会显示出相应的数据信息。

➤ 前 8 小时功能

由于新一代天气雷达是每 10 分钟到一次数据,则 1 小时到 6 次,这样当列表显示是 00—07 时,点击前 8 小时,则还是显示当前时次的数据,若列表显示的是 08 时以后的数据,则点击前 8 小时按钮时就会查询出前 8 小时的观测数据时序图情况。

➤ 后 8 小时功能

同前 8 小时按钮相同,当列表显示 16—23 时,点击后 8 小时,则还是显示当前时次的数据,若列表显示的是 16 时以前的数据,则点击后 8 小时按钮时就会查询出后 8 小时的观测数据时序图情况。

➢ 查看详细

请参考新一代天气雷达。

➢ 功能菜单区

请参考 3.2.2 节。

4.2.1.3 探空系统

4.2.1.3.1 探空系统运行监控

探空雷达运行监控首页:

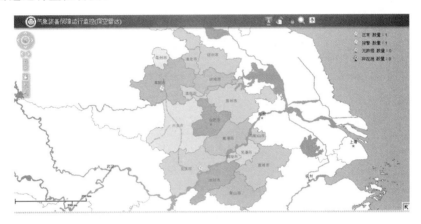

最上边工具条的功能请参考新一代天气雷达运行监控。

➢ 查看站点详细信息

鼠标左键点击站点弹出站点详细信息页。

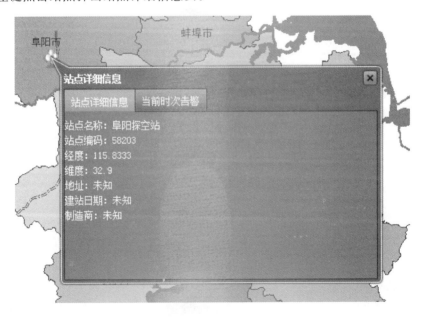

右键点击弹出菜单项,可以点击查看最近一次运行状态:

4.2.1.3.2 探空系统运行时序图

探空系统运行时序图页面:

整个界面从上到下划分为 4 部分,分别为查询条件区、按钮区、列表显示区和功能菜单区。

1. 查询条件区

查询条件区是输入查询条件的区域,根据查询条件显示匹配的查询结果。查询条件包括:区市县、站点类型默认为当前进入的站点类型、日期和查询列表中图列的说明,查询条件区查询条件默认显示全部。

2. 按钮区

按钮区包括查询、重置按钮。查询按钮的功能是查询与查询条件匹配的时序图信息,并在列表显示区显示,重置按钮的功能是将输入的查询条件恢复为初始状态。前一天按钮的功能是查询当前输入日期前一天的信息,后一天按钮的功能是查询当前输入日期后一天的数;如果当前输入日期已经是最新日期,则后一天按钮置灰。

3. 列表显示区

列表显示区显示满足查询条件的记录信息,显示内容主要包括城市、县、站点、时次(02、08、14、20 时)。

4. 功能菜单区

功能菜单区提供翻页、页面显示记录数量。翻页功能支持前翻页、后翻页,以及手动输入页码跳转页码。每页显示记录数量为下拉列表,可以选择每页显示 10、20、50、100、200 条或者全部记录。

➢ 查询功能

查询站点时序图不选择任何查询条件,在默认的条件下,查询当前时间所有探空系统的时序图信息,如下图所示:

当选择区市县中某个地区时,查询列表只显示当前地区的时序图信息,当更改日期条件时,查询列表则显示所选日期的时序图信息,如下图所示:

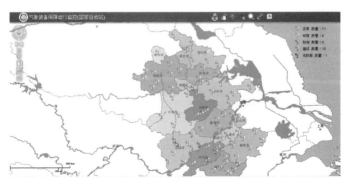

▶ 查看详细

请参考新一代天气雷达。

▶ 功能菜单区

请参考 3.2.2 节。

4.2.1.4　国家自动站

4.2.1.4.1　国家自动站运行监控

初始化页面:

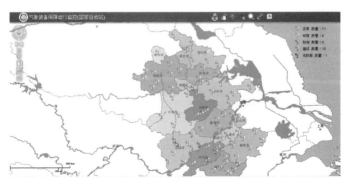

页面共分为 3 个部分，最左面的地图控制区，最上面的地图操作区和中间的地图展示区。

1. 地图控制区

上下左右按钮可以移动地图显示，放大、缩小按钮可以整体放大缩小地图或者放大缩小部分区域的地图。此外，也可以用鼠标控制地图的位置和大小。

2. 地图操作区

默认显示第一个，为站点类型信息。

➢ 站点信息填图

点击此按钮，则会弹出可填图的选项列表，如图所示：

选择相应的填图信息，则地图上就会显示各站点的相应信息，如站点名称填图：

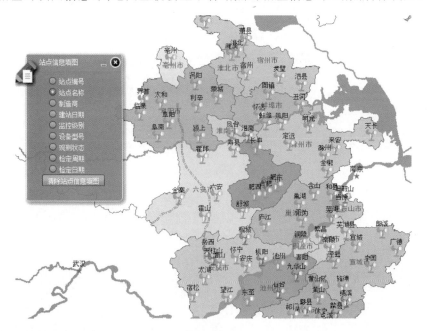

点击清除按钮，则地图上的填图信息就会清除。

➢ 告警信息

点击告警信息按钮，弹出该站点类型的告警信息，如图所示：

在列表中点击相应的站点名称,则地图会定位到该站点,如图所示。

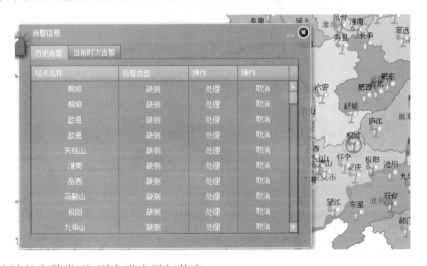

点击该站的告警类型,则会弹出详细信息:

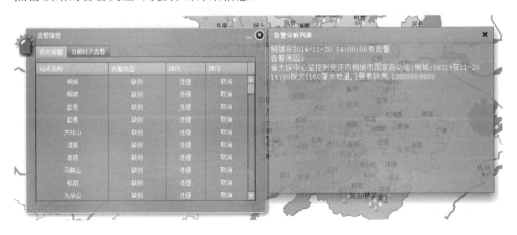

点击处理和取消则相应链接到处理告警和取消告警的页面信息。

➢ 地图控制

点击地图控制,弹出控制选项的列表,默认全部勾选:

勾选相应的项目,则地图上会显示出相应的内容。

➢ 查询

点击查询,弹出查询的页面:

支持模糊匹配,当输入站点名称或站点编号时,点击确定,则在地图上会定位此站点:

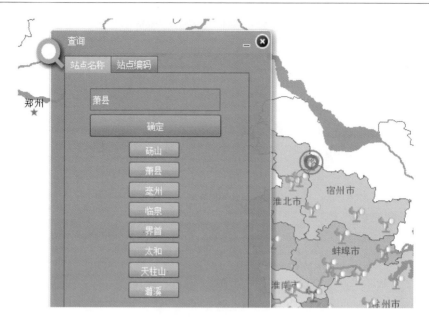

> 填图

点击填图,会显示列表:

选择相应的填图要素,则会在地图上显示相应的图标信息,在下面显示配置该要素的站点信息列表:

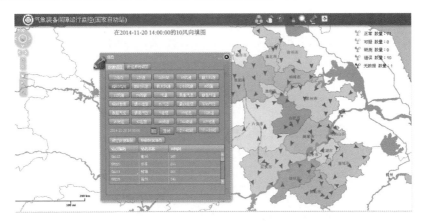

选择上一时间、下一时间可以查看上、下一时段的信息,清空数据填图按钮就是将现有的填图清空。

➤ 色斑图

点击色斑图会弹出如下窗口,可以选择查询的日期以及显示的类别(温度、降水),勾选查询出的数据结果,地图上会对应显示该时次的色斑图。

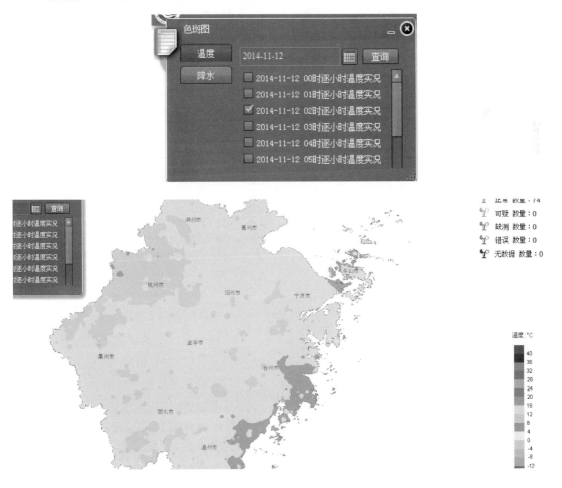

3. 地图展示区

页面右上角显示各站到报数据的统计情况,及各图例代表的信息。在地图上点击一个站点,则会显示该站点的详细信息:

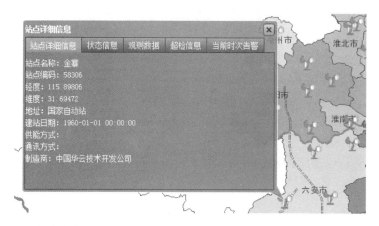

选中一个站点,点击右键,则会列出该站链接的一些信息,选择相应的信息,就会链接到相应的页面:

4.2.1.4.2　国家自动站运行时序图

国家自动站运行时序图界面如下图所示。

　　整个界面从上到下划分为 4 部分,分别为查询条件区、按钮区、列表显示区和功能菜单区。

　　1. 查询条件区

　　查询条件区是输入查询条件的区域,根据查询条件显示匹配的查询结果。查询条件包括:区市县、站点类型默认为当前进入的站点类型、日期和查询列表中图列的说明,查询条件区查询条件默认显示全部。

　　2. 按钮区

　　按钮区包括查询、重置按钮。查询按钮的功能是查询与查询条件匹配的时序图信息,并在列表显示区显示,重置按钮的功能是将输入的查询条件恢复为初始状态。前一天按钮的功能是查询当前输入日期前一天的信息,后一天按钮的功能是查询当前输入日期后一天的数;如果当前输入日期已经是最新日期,则后一天按钮置灰。

　　3. 列表显示区

　　列表显示区显示满足查询条件的时序图记录信息,显示内容主要包括城市、县、站点、时次(00—07 时,08—15 时,16—23 时)。

　　4. 功能菜单区

　　功能菜单区提供翻页、页面显示记录数量。翻页功能支持前翻页、后翻页,以及手动输入页码跳转页码。每页显示记录数量为下拉列表,可以选择每页显示 10、20、50、100、200 条或者全部记录。

　　➢ 查询功能

　　查询站点时序图不选择任何查询条件,在默认的条件下,查询当前时间所有国家自动站的时序图信息,如下图所示:

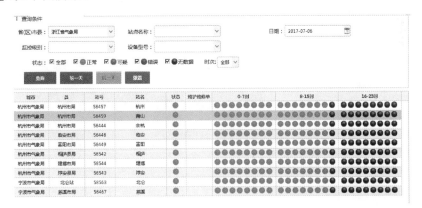

　　当选择区市县中某个地区时,查询列表只显示当前地区的时序图信息,当更改日期条件时,查询列表则显示所选日期的时序图信息,如下图所示:

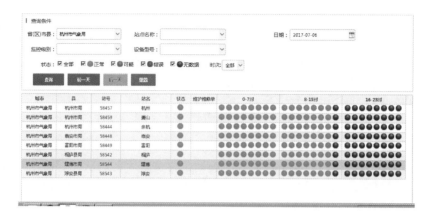

> 查看详细

请参考区域自动站。

> 功能菜单区

请参考 3.2.2 节。

4.2.1.5　区域自动站

4.2.1.5.1　区域自动站运行监控

区域自动站运行监控页面：

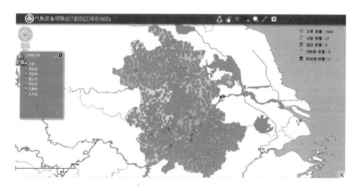

其功能请参考国家自动站运行监控。

4.2.1.5.2　区域自动站运行时序图

区域自动站运行时序图界面如下图所示。

　　整个界面从上到下划分为 4 部分,分别为查询条件区、按钮区、列表显示区和功能菜单区。

　　1. 查询条件区

　　查询条件区是输入查询条件的区域,根据查询条件显示匹配的查询结果。查询条件包括:区市县、站点类型默认为当前进入的站点类型、日期和查询列表中图列的说明,查询条件区查询条件默认显示全部。

　　2. 按钮区

　　按钮区包括查询、重置按钮。查询按钮的功能是查询与查询条件匹配的时序图信息,并在列表显示区显示,重置按钮的功能是将输入的查询条件恢复为初始状态。前一天按钮的功能是查询当前输入日期前一天的信息,后一天按钮的功能是查询当前输入日期后一天的数;如果当前输入日期已经是最新日期,则后一天按钮置灰。

　　3. 列表显示区

　　列表显示区显示满足查询条件的时序图记录信息,显示内容主要包括城市、县、站点、时次(00—07 时,08—15 时,16—23 时)。

　　4. 功能菜单区

　　功能菜单区提供翻页、页面显示记录数量。翻页功能支持前翻页、后翻页,以及手动输入页码跳转页码。每页显示记录数量为下拉列表,可以选择每页显示 10、20、50、100、200 条或者全部记录。

　　➢ 查询功能

　　查询站点时序图不选择任何查询条件,在默认的条件下,查询当前时间所有区域自动站的时序图信息,如下图所示。

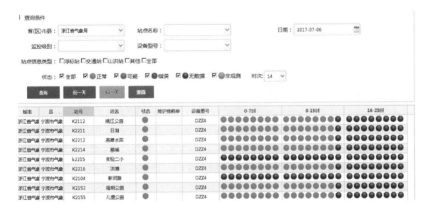

　　当选择区市县中某个地区时,查询列表只显示当前地区的时序图信息,当更改日期条件时,查询列表则显示所选日期的时序图信息,如下图所示。

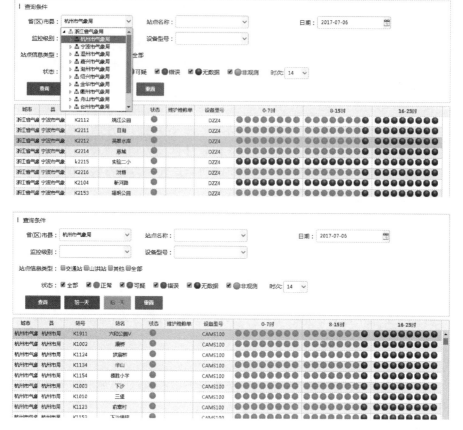

➤ 查看详细

点击时序图圆点图标,将弹出该站点该时刻的观测数据、告警信息、维护维修以及部件展示。

点击告警信息,显示该站点该时刻的所有告警信息。

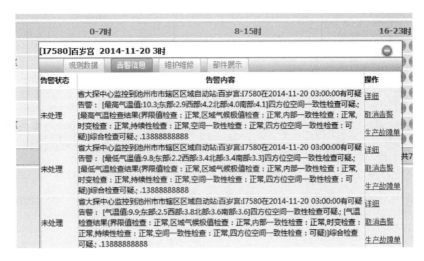

点击详细弹出该告警的详细内容。

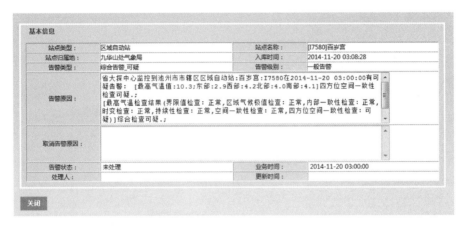

取消告警:参照新一代天气雷达。

生成故障单:参照新一代天气雷达。

维护维修页面如下图所示,如果存在未解决的故障单、维护单信息,会在该页面显示,否则显示无信息。

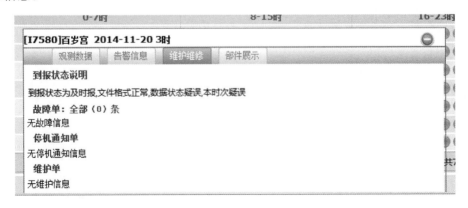

部件展示 tab 页如下图所示。

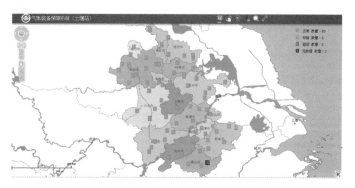

点击故障部件展示，打开展示页面，如果存在故障部件，则对应展示，否则显示无。

没有故障信息。

➤功能菜单区

请参考 3.2.2 节。

4.2.1.6　自动土壤水分站

4.2.1.6.1　土壤水分站运行监控

土壤水分站运行监控页面：

其功能请参考国家自动站运行监控。

4.2.1.6.2　土壤水分站运行时序图

土壤水分站运行时序图首页如下图所示。

整个界面从上到下划分为 4 部分,分别为查询条件区、按钮区、列表显示区和功能菜单区。

1. 查询条件区

查询条件区是输入查询条件的区域,根据查询条件显示匹配的查询结果。查询条件包括:区市县、站点类型默认为当前进入的站点类型、日期和查询列表中图列的说明,查询条件区查询条件默认显示全部。

2. 按钮区

按钮区包括查询、重置按钮。查询按钮的功能是查询与查询条件匹配的时序图信息,并在列表显示区显示,重置按钮的功能是将输入的查询条件恢复为初始状态。前一天按钮的功能是查询当前输入日期前一天的信息,后一天按钮的功能是查询当前输入日期后一天的数;如果当前输入日期已经是最新日期,则后一天按钮置灰。

3. 列表显示区

列表显示区显示满足查询条件的时序图记录信息,显示内容主要包括城市、县、站点、时次(00—07 时,08—15 时,16—23 时)。

4. 功能菜单区

功能菜单区提供翻页、页面显示记录数量。翻页功能支持前翻页、后翻页,以及手动输入页码跳转页码。每页显示记录数量为下拉列表,可以选择每页显示 10、20、50、100、200 条或者全部记录。

➤ 查询功能

查询站点时序图不选择任何查询条件,在默认的条件下,查询当前时间所有土壤站的时序图信息,如下图所示。

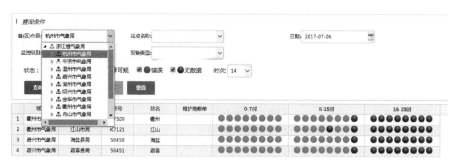

当选择区市县中某个地区时,查询列表只显示当前地区的时序图信息,当更改日期条件时,查询列表则显示所选日期的时序图信息,如下图所示。

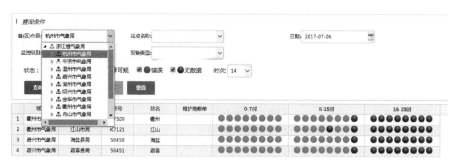

> ➤ 查看详细

请参考区域自动站。

> ➤ 功能菜单区

请参考 3.2.2 节。

4.2.1.7　GPS 水汽站

4.2.1.7.1　GPS 水汽站运行监控

GPS 水汽站运行监控首页：

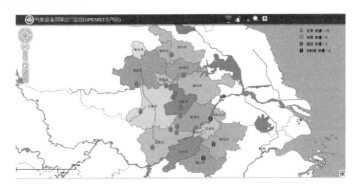

其他功能请参考国家自动站运行监控。

4.2.1.7.2　GPS 水汽站运行时序图

GPS 水汽站运行时序图页面如下图所示。

整个界面从上到下划分为 4 部分,分别为查询条件区、按钮区、列表显示区和功能菜单区。

1. 查询条件区

查询条件区是输入查询条件的区域,根据查询条件显示匹配的查询结果。查询条件包括:区市县、站点类型默认为当前进入的站点类型、日期和查询列表中图列的说明,查询条件区查询条件默认显示全部。

2. 按钮区

按钮区包括查询、重置按钮。查询按钮的功能是查询与查询条件匹配的时序图信息,并在列表显示区显示,重置按钮的功能是将输入的查询条件恢复为初始状态。前一天按钮的功能是查询当前输入日期前一天的信息,后一天按钮的功能是查询当前输入日期后一天的数;如果当前输入日期已经是最新日期,则后一天按钮置灰。

3. 列表显示区

列表显示区显示满足查询条件的时序图记录信息,显示内容主要包括城市、县、站点、时次(00—07 时、08—15 时、16—23 时)。

4. 功能菜单区

功能菜单区提供翻页、页面显示记录数量。翻页功能支持前翻页、后翻页,以及手动输入页码跳转页码。每页显示记录数量为下拉列表,可以选择每页显示 10、20、50、100、200 条或者全部记录。

➤ 查询功能

查询站点时序图不选择任何查询条件,在默认的条件下,查询当前时间所有 GPS 水汽站的时序图信息,如下图所示。

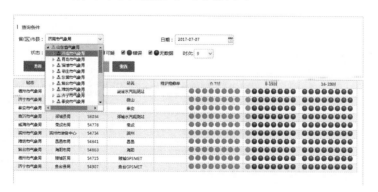

当选择区市县中某个地区时,查询列表只显示当前地区的时序图信息,当更改日期条件时,查询列表则显示所选日期的时序图信息,如下图所示。

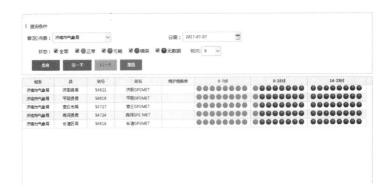

> 查看详细

请参考区域自动站。

> 功能菜单区

请参考 3.2.2 节。

4.2.1.8　雷电监测站

4.2.1.8.1　雷电监测站运行监控

雷电站运行监控首页：

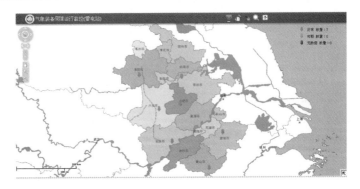

其他功能请参考国家自动站运行监控。

4.2.1.8.2　雷电监测站运行时序图

雷电监测站运行时序图简版页面如下图所示。

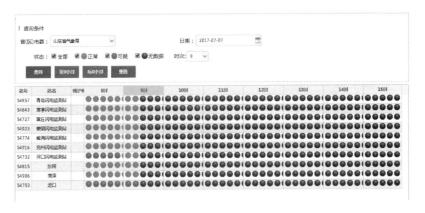

整个界面从上到下划分为 4 部分,分别为查询条件区、按钮区、列表显示区和功能菜单区。

1. 查询条件区

查询条件区是输入查询条件的区域,根据查询条件显示匹配的查询结果。查询条件包括:区市县、站点类型默认为当前进入的站点类型、日期和查询列表中图列的说明,查询条件区查询条件默认显示全部。

2. 按钮区

按钮区包括开始统计、前 8 小时、后 8 小时、重置按钮,查询按钮的功能是查询与查询条件匹配的时序图信息,并在列表显示区显示,重置按钮的功能是将输入的查询条件恢复为初始状态,前 8 小时按钮是查询出在当前显示时次的前 8 个小时的信息,后 8 小时按钮时查询出在当前显示时次的后 8 小时信息。

3. 列表显示区

列表显示区显示满足查询条件的时序图记录信息,显示内容主要包括站点、时次(00 到 23 时,由按钮控制)。

4. 功能菜单区

功能菜单区提供翻页、页面显示记录数量。翻页功能支持前翻页、后翻页,以及手动输入页码跳转页码。每页显示记录数量为下拉列表,可以选择每页显示 10、20、50、100 条。

➤ 统计功能

查询站点时序图不选择任何查询条件,在默认的条件下,查询当前时间所有雷电站的时序图信息,如下图所示。

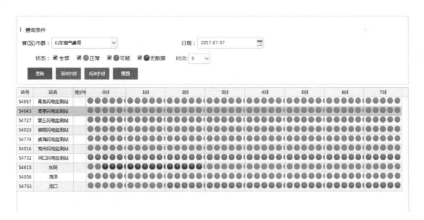

当选择区市县中某个地区时,查询列表只显示当前地区的时序图信息,当更改日期条件时,查询列表则显示所选日期的时序图信息,如下图所示。

➢ 前 8 小时功能

由于新一代天气雷达是每 10 分钟到一次数据,则一小时有 6 次,这样当列表显示是 00—07 时,点击前 8 小时,则还是显示当前时次的数据,若列表显示的是 08 时以后的数据,则点击前 8 小时按钮时就会查询出前 8 小时的观测数据时序图情况。

➢ 后 8 小时功能

同前 8 小时按钮相同,当列表显示 16—23 时,点击后 8 小时,则还是显示当前时次的数据,若列表显示的是 16 时以前的数据,则点击后 8 小时按钮时就会查询出后 8 小时的观测数据时序图情况。

➢ 查看详细

请参考新一代天气雷达

➢ 功能菜单区

请参考 3.2.2 节。

4.2.1.9 大气成分站

4.2.1.9.1 大气成分站运行监控

大气成分站运行监控首页:

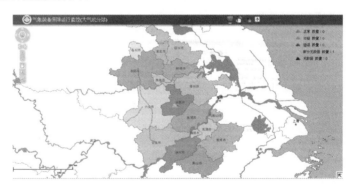

其他功能请参考国家自动站运行监控。

4.2.1.9.2 大气成分站运行时序图

大气成分站运行时序图页面:

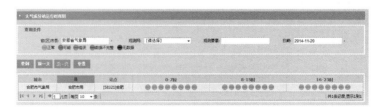

整个界面从上到下划分为 4 部分,分别为查询条件区、按钮区、列表显示区和功能菜单区。

1. 查询条件区

查询条件区是输入查询条件的区域,根据查询条件显示匹配的查询结果。查询条件包括:区市县、站点类型默认为当前进入的站点类型、日期和查询列表中图列的说明,查询条件区查询条件默认显示全部。

2. 按钮区

按钮区包括查询、重置按钮。查询按钮的功能是查询与查询条件匹配的时序图信息,并在列表显示区显示,重置按钮的功能是将输入的查询条件恢复为初始状态。前一天按钮的功能是查询当前输入日期前一天的信息,后一天按钮的功能是查询当前输入日期后一天的数;如果当前输入日期已经是最新日期,则后一天按钮置灰。

3. 列表显示区

列表显示区显示满足查询条件的时序图记录信息,显示内容主要包括城市、县、站点、时次(00—07 时,08—15 时,16—23 时)。

4. 功能菜单区

功能菜单区提供翻页、页面显示记录数量。翻页功能支持前翻页、后翻页,以及手动输入页码跳转页码。每页显示记录数量为下拉列表,可以选择每页显示 10、20、50、100、200 条或者全部记录。

➢ 查询功能

查询站点时序图不选择任何查询条件,在默认的条件下,查询当前时间所有大气成分站的时序图信息,如下图所示。

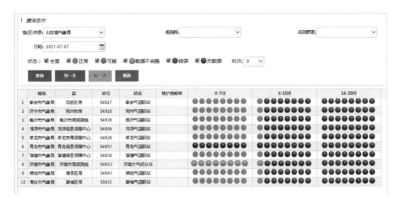

当选择区市县中某个地区时,查询列表只显示当前地区的时序图信息,当更改日期条件时,查询列表则显示所选日期的时序图信息,当更改观测网时,只显示所选观测网的时序图信息,当更改观测要素时,查询列表则显示所选要素的时序图信息,如下图所示。

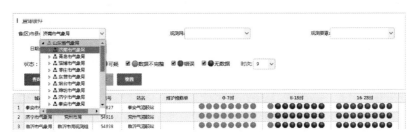

> ➤ 查看详细

请参考区域自动站。

> ➤ 功能菜单区

请参考 3.2.2 节。

4.2.1.10　风能观测站

4.2.1.10.1　风能观测站运行监控

风能观测站运行监控首页：

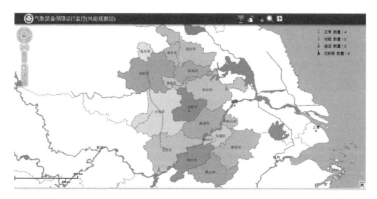

其他功能请参考国家自动站运行监控。

4.2.1.10.2　风能观测站运行时序图

风能观测站运行时序图页面：

整个界面从上到下划分为 4 部分,分别为查询条件区、按钮区、列表显示区和功能菜单区。

1. 查询条件区

查询条件区是输入查询条件的区域,根据查询条件显示匹配的查询结果。查询条件包括:区市县、站点类型默认为当前进入的站点类型、日期和查询列表中图列的说明,查询条件区查询条件默认显示全部。

2. 按钮区

按钮区包括查询、重置按钮。查询按钮的功能是查询与查询条件匹配的时序图信息,并在列表显示区显示,重置按钮的功能是将输入的查询条件恢复为初始状态。前一天按钮的功能是查询当前输入日期前一天的信息,后一天按钮的功能是查询当前输入日期后一天的数;如果当前输入日期已经是最新日期,则后一天按钮置灰。

3. 列表显示区

列表显示区显示满足查询条件的时序图记录信息,显示内容主要包括城市、县、站点、时次(02、08、14、20 时)。

4. 功能菜单区

功能菜单区提供翻页、页面显示记录数量。翻页功能支持前翻页、后翻页,以及手动输入页码跳转页码。每页显示记录数量为下拉列表,可以选择每页显示 10、20、50、100、200 条或者全部记录。

➢ 查询功能

查询站点时序图不选择任何查询条件,在默认的条件下,查询当前时间所有风能观测站的时序图信息,如下图所示。

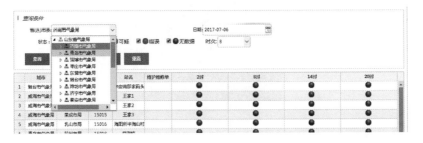

当选择区市县中某个地区时,查询列表只显示当前地区的时序图信息,当更改日期条件时,查询列表则显示所选日期的时序图信息,如下图所示。

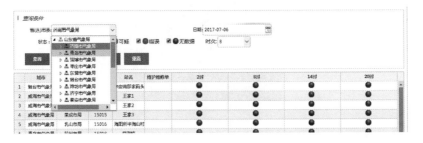

➢ 查看详细

请参考区域自动站。

➢ 功能菜单区

请参考 3.2.2 节。

4.2.1.11 异常站点运行监控

4.2.1.11.1 GIS异常站点监控

异常站点监控 GIS 页面如下图所示。

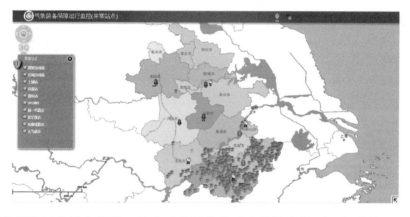

点击可选择显示的站点类型。其余功能请参考对应的站点类型运行监控。

4.2.1.11.2 异常监控列表

异常站点监控查询页面如下图所示。

整个界面从上到下划分为 4 部分，分别为查询条件区、按钮区、列表显示区和功能菜单区。

1. 查询条件区

查询条件区是输入查询条件的区域，根据查询条件显示匹配的查询结果。查询条件包括：省（区）市县、站点类型，查询条件区查询条件默认显示全部。

2. 按钮区

按钮区包括查询、重置按钮。查询按钮的功能是查询与查询条件匹配的时序图信息，并在列表显示区显示，重置按钮的功能是将输入的查询条件恢复为初始状态。

3. 列表显示区

列表显示区显示满足查询条件的时序图记录信息，显示内容主要包括地域、站点名称、站点类型、观测时间、到报状态以及状态说明。

4. 功能菜单区

功能菜单区提供翻页、页面显示记录数量。翻页功能支持前翻页、后翻页，以及手动输入页码跳转页码。每页显示记录数量为下拉列表，可以选择每页显示 10、20、50、100、200 条或者全部记录。

➢ 查询功能

查询异常站点，不选择任何查询条件，在默认的条件下，查询当前时次所有站点类型的异常站点信息，如下图所示。

当选择省(区)市县中某个地区时,查询列表只显示当前地区的异常站点信息,当更改站点类型时,查询列表则显示所选站点类型的异常站点信息,如下图所示。

➤ 查看详细

请参考区域自动站。

➤ 功能菜单区

请参考 3.2.2 节。

4.2.2　观测数据

4.2.2.1　新一代天气雷达

4.2.2.1.1　运行状态查询

运行状态查询页面图示如下。

整个界面从上到下划分为 3 部分,分别为类别信息区、查询条件及按钮区、列表显示区。

1. 类别信息区

新一代天气雷达运行状态详细信息查询区域,点击任何一类信息可进入详细界面进行查询了解。

2. 查询条件及按钮区

(1)查询条件设有站点和检测时间;

(2)查询条件带有红色"＊"号标识的为必填项;

(3)确定—根据统计条件查询出数据显示在列表显示区;

(4)上一时间—检测时间前一小时。

(5)下一时间—检测时间后一小时。

3. 列表显示区

作用是显示查询出来的信息。

4.2.2.1.2　雷达报警统计

整个界面从上到下划分为 4 部分,分别为查询条件区、按钮区、列表显示区、功能菜单区。

1. 统计条件区

(1)查询条件设有站点、起始日期与截止日期;

(2)查询条件带有红色"＊"号标识的为必填项。

2. 按钮区

开始统计—根据统计条件查询出数据显示在列表显示区。

3. 列表显示区

作用是显示查询出来的站点信息。

4. 功能菜单区

(1)翻页功能:第一页、上一页、下一页、最末页;

(2)页码输入:直接输入要查看的页码,点击右箭头或者按回车,直接跳到该页;

(3)每页显示数据条数:10、20、50、100、200、全部;

(4)导出文件:xls 文件、csv 文件、pdf 文件、打印功能。

4.2.2.2 风廓线雷达

4.2.2.2.1 产品数据查询

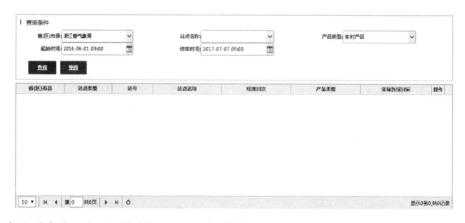

整个界面从上到下划分为 4 部分,分别为查询条件区、按钮区、列表显示区、功能菜单区。

1. 查询条件区

(1)查询条件设有省(区)市县、站点名称、起始时间、结束时间、产品类型;

(2)起始日期与截止日期不能大于当前日期且起始日期不能大于截止日期;

(3)带有红色"﹡"号标识的为必填项。

2. 按钮区

(1)查询:根据查询条件查询出数据显示在列表显示区;

(2)重置:初始化所有的查询条件。

3. 列表显示区

作用是显示查询出来的站点信息。

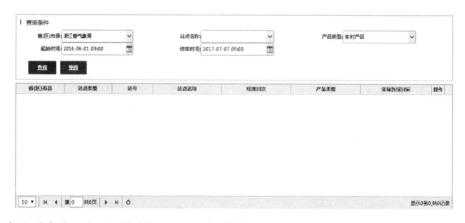

点击查看高度,可以查看该条记录的详细信息以及风速/高度曲线图。

4. 功能菜单区

(1)翻页功能:第一页、上一页、下一页、最末页;

（2）页码输入：直接输入要查看的页码，点击右箭头或者按回车，直接跳到该页；

（3）每页显示数据条数：10、20、50、100、200、全部；

（4）导出文件：xls 文件、csv 文件、pdf 文件、打印功能。

4.2.2.2.2　运行状态查询

整个界面从上到下划分为 3 部分，分别为类别信息区、查询条件及按钮区、列表显示区。

1. 类别信息区

风廓线雷达运行状态详细信息查询区域，点击任何一类信息可进入详细界面进行查询了解。

2. 查询条件及按钮区

（1）查询条件设有站点和检测时间；

（2）带有红色"＊"号标识的为必填项；

（3）上一时间—根据检测时间查询出前一个时间数据；

（4）下一时间—根据检测时间查询出后一个时间数据。

3. 列表显示区

作用是显示查询出来的站点信息。

4.2.2.3　探空系统

4.2.2.3.1　运行状态查询

雷达主要运行参数					
温度基测值	○	气压基测值	○	湿度基测值	○
温度仪器值	○	气压仪器值	○	湿度仪器值	○
温度差值	○	气压差值	○	湿度差值	○
基测结论					
雷达主要运行参数					
月施放计数		球重量（克）	○	总举力（克）	○
平均升速（米/分钟）	○	附加重量（克）	○	净举力（克）	○

整个界面从上到下划分为 4 部分,分别为类别信息区、查询条件区、按钮区、列表显示区。

1. 类别信息区

探空系统运行状态详细信息查询区域,点击任何一类信息可进入详细界面进行查询了解。

2. 查询条件区

(1)查询条件设有站点和检测时间;

(2)查询条件带有红色"＊"号标识的为必填项。

3. 按钮区

(1)上一时间—检测时间前一小时;

(2)下一时间—检测时间后一小时。

4. 列表显示区

作用是显示查询出来的信息。

4.2.2.3.2　探空系统统计

探空系统统计页面图示如下。

整个界面从上到下划分为 4 部分,分别为类别信息区、查询条件及按钮区、列表显示区、功能菜单区。

1. 类别信息区

探空系统统计详细信息查询区域,点击任何一类信息可进入详细界面进行查询了解。

2. 查询条件及按钮区

(1)开始统计—根据统计条件查询出数据显示在列表显示区;

(2)查询条件设有起始时间和截止时间。

3. 列表显示区

作用是显示查询出来的站点信息。

4. 功能菜单区

(1)翻页功能:第一页、上一页、下一页、最末页;

(2)页码输入:直接输入要查看的页码,点击右箭头或者按回车,直接跳到该页;

(3)每页显示数据条数:10、20、50、100、200、全部;

(4)导出文件:xls 文件、csv 文件、pdf 文件、打印功能。

探空系统统计之基测结论统计分析图示如下。

整个界面从上到下划分为 4 部分,分别为类别信息区、查询条件及按钮区、列表显示区、功能菜单区。

1. 类别信息区

探空系统统计详细信息查询区域,点击任何一类信息可进入详细界面进行查询了解。

2. 查询条件及按钮区

(1)开始统计—根据统计条件查询出数据显示在列表显示区;

(2)查询条件设有起始时间和截止时间。

3. 列表显示区

作用是显示查询出来的站点信息。

4. 功能菜单区

(1)翻页功能:第一页、上一页、下一页、最末页;

(2)页码输入:直接输入要查看的页码,点击右箭头或者按回车,直接跳到该页;

(3)每页显示数据条数:10、20、50、100、200、全部;

(4)导出文件:xls 文件、csv 文件、pdf 文件、打印功能。

探空系统统计之迟、早探测数统计图示如下。

整个界面从上到下划分为 4 部分,分别为类别信息区、查询条件及按钮区、列表显示区、功能菜单区。

1. 类别信息区

探空系统统计详细信息查询区域,点击任何一类信息可进入详细界面进行查询了解。

2. 查询条件及按钮区

(1)开始统计—根据统计条件查询出数据显示在列表显示区;

(2)查询条件设有起始时间和截止时间。

3. 列表显示区

作用是显示查询出来的站点信息。

4. 功能菜单区

(1)翻页功能:第一页、上一页、下一页、最末页;

(2)页码输入:直接输入要查看的页码,点击右箭头或者按回车,直接跳到该页;

(3)每页显示数据条数:10、20、50、100、200、全部;

(4)导出文件:xls 文件、csv 文件、pdf 文件、打印功能。

探空系统统计之磁控管电流、接收机频率、接收机增益图示如下。

整个界面从上到下划分为 4 部分,分别为类别信息区、查询条件及按钮区、列表显示区、功能菜单区。

1. 类别信息区

探空系统统计详细信息查询区域,点击任何一类信息可进入详细界面进行查询了解。

2. 查询条件及按钮区

(1)开始统计—根据统计条件查询出数据显示在列表显示区;

(2)查询条件设有起始时间和截止时间。

3. 列表显示区

作用是显示查询出来的站点数据信息。

4. 功能菜单区

(1)翻页功能:第一页、上一页、下一页、最末页;

(2)页码输入:直接输入要查看的页码,点击右箭头或者按回车,直接跳到该页;

(3)每页显示数据条数:10、20、50、100、200、全部;

(4)导出文件:xls 文件、csv 文件、pdf 文件、打印功能。

4.2.2.3.2　探空系统报警

探空系统报警图示如下。

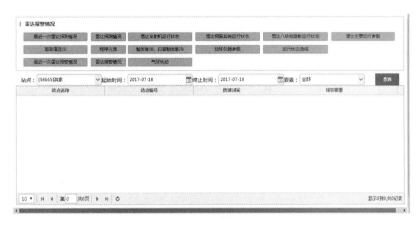

　　整个界面从上到下划分为 4 部分,分别为类别信息区、查询条件及按钮区、列表显示区、功能菜单区。

　　1. 类别信息区

　　探空系统报警详细信息查询区域,点击任何一类信息可进入详细界面进行查询了解。

　　2. 查询条件及按钮区

　　(1)查询—根据统计条件查询出数据显示在列表显示区;

　　(2)查询条件设有站点、要素、起始时间和截止时间。

　　3. 列表显示区

　　作用是显示查询出来的站点数据信息。

　　4. 功能菜单区

　　(1)翻页功能:第一页、上一页、下一页、最末页;

　　(2)页码输入:直接输入要查看的页码,点击右箭头或者按回车,直接跳到该页;

　　(3)每页显示数据条数:10、20、50、100、200、全部;

　　(4)导出文件:xls 文件、csv 文件、pdf 文件、打印功能。

4.2.2.4　国家自动站

4.2.2.4.1　单站数据查询

　　国家自动站单站数据查询页面如下图所示:

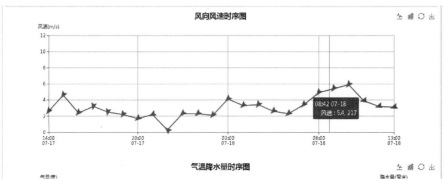

　　整个界面从上到下划分为 5 部分,分别为查询条件区、按钮区、列表显示区、功能菜单区和时序图显示区。

　　1. 查询条件区

　　(1)查询条件设有省(区)市县、站点类型、站点、开始时间、结束时间、数据类型、时序图种类以及观测要素种类;

　　(2)省(区)市县与站点是联动关系:

　　初始状态下,站点包含某省所有国家自动站的站点;

　　选择某一个组织时,站点只包含该组织下属的所有国家自动站的站点;

　　(3)站点与时序图显示和观测要素显示是联动关系,更换站点时,时序图类型和观测要素内容会相应发生变化;

　　(4)带有红色"＊"号标识的查询条件是必填项;

　　(5)查询条件中开始时间与结束时间不能大于当前时间且开始时间不能大于结束时间。

　　2. 按钮区

　　(1)查询——根据查询条件和观测要素查询出数据显示在列表显示区,根据查询条件和时序图查询出数据显示在时序图区;

　　(2)重置——初始化所有的查询条件。

　　3. 列表显示区

　　作用是显示查询出来的站点信息。

　　4. 功能菜单区

　　(1)翻页功能:第一页、上一页、下一页、最末页;

　　(2)页码输入:直接输入要查看的页码,点击右箭头或者按回车,直接跳到该页;

(3)每页显示数据条数:24;

(4)导出文件:xls 文件、csv 文件、pdf 文件、打印功能。

5. 时序图显示区

作用是显示查询出来的站点信息。

4.2.2.4.2　多站数据比较

国家自动站多站数据查询页面如下图所示。

整个界面从上到下划分为 4 部分,分别为查询条件区、按钮区、列表显示区、功能菜单区。

1. 查询条件区

(1)查询条件设有省(区)市县、站点类型、站点、观测要素种类、观测时次;

(2)省(区)市县与站点是联动关系:

初始状态下,站点包含某省所有国家自动站的站点;

选择某一个组织时,站点只包含该组织下属的所有国家自动站的站点。

(3)查询条件中站点数目必须大于等于 2;

(4)观测要素是必填项;

(5)观测要素与站点是联动关系,选择站点时,观测要素会对应变化。

2. 按钮区

(1)查询—根据查询条件查询出数据显示在列表显示区。

(2)重置—初始化所有的查询条件。

(3)上一时间—查询当前时次前一个小时的数据信息。

(4)下一时间—查询当前时次后一个小时的数据信息。

3. 列表显示区

作用是显示查询出来的站点信息。

4.功能菜单区

(1)翻页功能:第一页、上一页、下一页、最末页;

(2)页码输入:直接输入要查看的页码,点击右箭头或者按回车,直接跳到该页;

(3)每页显示数据条数:10、20、50、100、200、全部;

(4)导出文件:xls 文件、csv 文件、pdf 文件、打印功能。

4.2.2.4.3　质控结果查询

国家自动站质控结果查询页面如下图所示。

整个界面从上到下划分为 4 部分,分别为查询条件区、按钮区、列表显示区、功能菜单区。

1.查询条件区

(1)查询条件设有省(区)市县、站点类型、站点名称、开始及结束时间;

(2)省(区)市县与站点是联动关系:

初始状态下,站点包含某省所有国家自动站的站点;

选择某一个组织时,站点只包含该组织下属的所有国家自动站的站点。

2.按钮区

(1)查询—根据查询条件查询出数据显示在列表显示区。

(2)重置—初始化所有的查询条件。

3.列表显示区

作用是显示查询出来的站点信息。点击查询结果记录,会弹出如下图所示的悬浮窗口,显示该站点的错误或者可疑的质控结果。

站点:李庄(共6条)

站点名称	站点编号	观测时间	要素名称	说明
李庄	D5097	2014-02-21 02:00:00	二分钟风向	疑误
李庄	D5097	2014-02-21 02:00:00	十分钟风向	错误
李庄	D5097	2014-02-21 02:00:00	瞬时风向	疑误
李庄	D5097	2014-02-21 02:00:00	极大风速的风向	疑误
李庄	D5097	2014-02-21 02:00:00	二分钟平均风速	警告
李庄	D5097	2014-02-21 02:00:00	最大风速出现时间	疑误

关闭(C)　发送(S)　　　首页 | 末页 | 上一页 | 下一页 | 第(1)页 | 共(1)页 | 共(6)条

4. 功能菜单区

(1)翻页功能:第一页、上一页、下一页、最末页;

(2)页码输入:直接输入要查看的页码,点击右箭头或者按回车,直接跳到该页;

(3)每页显示数据条数:10、20、50、100、200、全部;

(4)导出文件:xls 文件、csv 文件、pdf 文件、打印功能。

4.2.2.5　区域自动站

4.2.2.5.1　单站数据查询

单站数据查询图示如下。

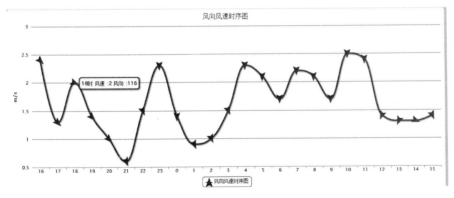

整个界面从上到下划分为 5 部分,分别为查询条件区、按钮区、列表显示区、功能菜单区和时序图显示区。

1. 查询条件区

(1)查询条件设有省(区)市县、站点类型、站点、开始时间、结束时间、数据类型、时序图种类以及观测要素种类;

(2)省(区)市县与站点是连动关系:

初始状态下,站点包含某省所有国家自动站的站点;

选择某一个组织时,站点只包含该组织下属的所有国家自动站的站点;

(3)带有红色"＊"号标识的查询条件是必填项;

(4)查询条件中开始时间与结束时间不能大于当前时间且开始时间不能大于结束时间。

2. 按钮区

(1)查询—根据查询条件和观测要素查询出数据显示在列表显示区,根据查询条件和时序图查询出数据显示在时序图区;

(2)重置—初始化所有的查询条件。

3. 列表显示区

作用是显示查询出来的站点信息。

4. 功能菜单区

(1)翻页功能:第一页、上一页、下一页、最末页;

(2)页码输入:直接输入要查看的页码,点击右箭头或者按回车,直接跳到该页;

(3)每页显示数据条数:24;

(4)导出文件:xls 文件、csv 文件、pdf 文件、打印功能。

5. 时序图显示区

作用是显示查询出来的站点观测数据信息的时序图。

4.2.2.5.2 多站数据查询

多站数据查询图示如下。

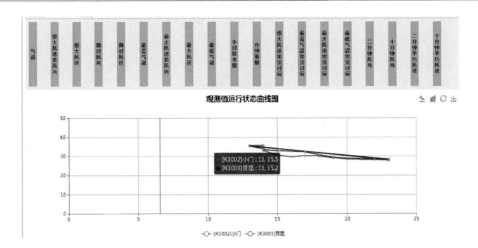

整个界面从上到下划分为 4 部分,分别为查询条件区、按钮区、列表显示区、功能菜单区。

1. 查询条件区

(1)查询条件设有省(区)市县、站点类型、站点、观测要素种类、观测时次;

(2)省(区)市县与站点是连动关系:

初始状态下,站点包含某省所有国家自动站的站点;

选择某一个组织时,站点只包含该组织下属的所有国家自动站的站点;

(3)查询条件中站点数目必须大于等于 2;

(4)观测要素是必填项。

2. 按钮区

(1)查询—根据查询条件查询出数据显示在列表显示区;

(2)重置—初始化所有的查询条件;

(3)上一时间—查询当前时次前一个小时的数据信息;

(4)下一时间—查询当前时次后一个小时的数据信息。

3. 列表显示区

作用是显示查询出来的站点信息。

4. 功能菜单区

(1)翻页功能:第一页、上一页、下一页、最末页;

(2)页码输入:直接输入要查看的页码,点击右箭头或者按回车,直接跳到该页;

(3)每页显示数据条数:10、20、50、100、200、全部;

(4)导出文件:xls 文件、csv 文件、pdf 文件、打印功能。

4.2.2.5.3 质控结果查询

国家自动站质控结果查询页面如下图所示。

整个界面从上到下划分为 4 部分,分别为查询条件区、按钮区、列表显示区、功能菜单区。

1. 查询条件区

(1)查询条件设有省(区)市县、站点类型、站点、观测要素种类、观测时次;

(2)省(区)市县与站点是联动关系:

初始状态下,站点包含某省所有国家自动站的站点;

选择某一个组织时,站点只包含该组织下属的所有国家自动站的站点。

2. 按钮区

(1)查询—根据查询条件查询出数据显示在列表显示区;

(2)重置—初始化所有的查询条件。

3. 列表显示区

作用是显示查询出来的站点信息。参见4.2.2.4.3。

4. 功能菜单区

(1)翻页功能:第一页、上一页、下一页、最末页;

(2)页码输入:直接输入要查看的页码,点击右箭头或者按回车,直接跳到该页;

(3)每页显示数据条数:10、20、50、100、200、全部;

(4)导出文件:xls文件、csv文件、pdf文件、打印功能。

4.2.2.6　自动土壤水分观测站

自动土壤水分站单站查询图示如下。

整个界面从上到下划分为4部分,分别为查询条件区、按钮区、列表显示区、功能菜单区。

1. 查询条件区

(1)查询条件设有省(区)市县、站点、查询类型、起始日期与截止日期;

(2)查询条件带有红色"＊"号标识的为必填项;

(3)观测要素、观测层次为必填项;观测层次与站点是联动关系,更改站点时观测层次会对应变化;

(4)省(区)市县与站点是联动关系:

初始状态下,站点包含某省所有土壤站的站点;

选择某一个组织时,站点只包含该组织下属的所有土壤站的站点。

2. 按钮区

(1)查询—根据查询条件查询出数据显示在列表显示区;

(2)重置—初始化所有的查询条件。

3. 列表显示区

作用是显示查询出来的站点信息。

4. 功能菜单区

(1)翻页功能:第一页、上一页、下一页、最末页;

(2)页码输入:直接输入要查看的页码,点击右箭头或者按回车,直接跳到该页;

(3)每页显示数据条数:10、20、50、100、200、全部;

(4)导出文件:xls 文件、csv 文件、pdf 文件、打印功能。

4.2.2.7 雷电监测站

探头状态查询:使用操作参考 4.2.2.8.1。

4.2.2.8 大气成分站

$PM_{2.5}$ 数据查询包含以下功能:$PM_{2.5}$ 单时次观测数据、$PM_{2.5}$ 观测数据与 $PM_{2.5}$ 观测数据曲线图。

$PM_{2.5}$ 数据查询之 $PM_{2.5}$ 单时次观测数据图示如下。

整个界面从上到下划分为 4 部分,分别为功能选择区、统计条件区、按钮区、列表显示区。

1. 功能选择区

在此区域可选择查看 $PM_{2.5}$ 单时次观测数据、$PM_{2.5}$ 观测数据与 $PM_{2.5}$ 观测数据曲线图三个功能。

2. 统计条件区

(1)查询条件设有站点与检测时间;

(2)带有红色"＊"号标识的为必填项。

3. 按钮区

(1)确定—根据统计条件查询出数据显示在列表显示区;

(2)上一时间——检测时间前一时间观测时间数据;

(3)下一时间——检测时间后一时间观测时间数据。

4. 列表显示区

作用是显示查询出来的站点信息。

4.2.3　采购流程

采购流程如下图所示。

市级、县级根据自己情况制定购买计划,填写计划单。可申请观测设备、组件、耗材。计划单制定完成后,向上级汇报进行审批。上级机构对已申报的计划进行审批,可审批通过,可驳回。

上级机构可将所属下级所有申报的计划进行汇总,汇总后的计划生成新的计划单,向其上级申报。

制定购买合同时,可以根据该组织机构已申请通过的计划单制定合同,也可以根据实际情况自由填写合同单,两种方式也可以同时使用。

合同填写完成后,进行签订,只有已签订的合同才能用来进行采购。

采购入库时,只能通过已签订的合同来生成采购列表。只有采购完合同上所有物品后,合同状态会自动变成完成。

4.2.3.1　计 划 制 定

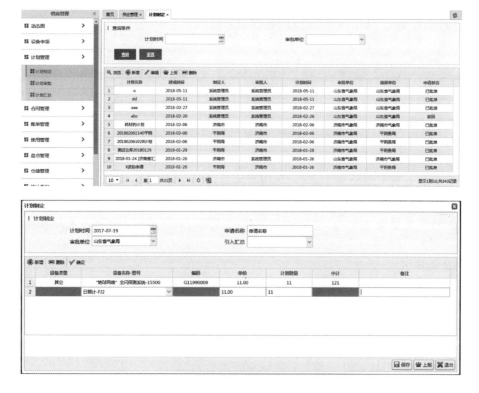

编辑页面如上图示所示。当点击查询列表操作区的新建按钮是打开计划制定手动操作窗口,手动操作窗口对标签管理方式、批次管理方式的设备都可以制订计划。

1. 信息编辑区

(1)引入汇总:切换选项,用来根据引入汇总选择的数据引入表单明细记录。

(2)列表显示区:作用是显示新增计划信息。

2. 按钮区

(1)保存:保存为表单提交按钮,主要功能有提交前的数据验证和提交操作。

(2)上报:当计划制作并保存提交完成后上报按钮自动点亮,上报的单位取决于基本信息区的上报单位选项。

(3)退出:退出当前操作窗口。

4.2.3.2　合同制定

合同管理是合同制订和价格基准等一系列功能的统称,合同也是从需求向流转执行之间的过程,与账单也紧密关联。

4.2.3.2.1　价格基准

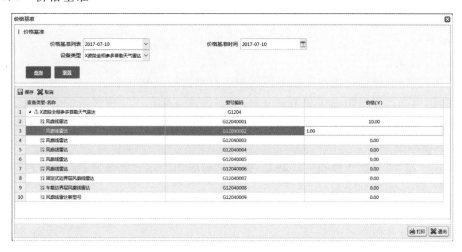

价格基准编辑页面如上图所示。

价格基准是创建合同的合同明细价格参考调协功能,可以在不同时间设置不同的价格基准,价格基准不做为强制性约束,在选择价格基准和类型选择后可自动加载相关的型号设备,在表单明细中填入基准价格即可自动保存。

1. 信息编辑区

(1)价格基准列表:导入已存在的价格基准列表。

(2)价格基准时间:记录当前价格基准时间。

(3)设备类型:可以单独给某一种设备设定价格基准。

2. 列表区

可以编辑、设定当前展示的设备的价格。

3. 按钮区

(1)打印:预览并打印当价格基准设置信息。

(2)退出:退出当前操作窗口。

4.2.3.2.2 合同制定

合同制定编辑页面如上图所示。

点击合同制定查询列表页的新建可打开创建合同对话窗口,合同创建时可引入我创建的计划和价格基准。

1. 列表信息编辑区

(1)新增:新增时可增加表单明细并不受引入计划的限制和约束。

(2)删除:当选择表单明细区某条记录时,可点击清除探针清除掉该条记录。

(3)确定:当修改表单明细区某条记录后,点击确定可将修改记录刷新显示到明细中。

2. 信息编辑区

(1)引入计划:当切换选择我的计划后,我的计划明细将显示至明细中。

(2)合同编号:编写合同编号。

(3)甲方:购买方。

(4)签订日期:合同签订的日期。

(5)合同名称:合同标题,名称。

(6)乙方:贩卖方。

(7)项目来源:设备损耗,非必须项。

(8)引入计划:可以根据已有计划制定合同。

(9)资金来源:可以是拨款等,非必须项。

(10)金额:花费资金总金额。

3. 按钮区

(1)保存:保存为表单提交按钮,主要功能有提交前的数据验证和提交操作。

(2)签订:当点击签订按钮后合同将状态更新为签订,将不可修改。

(3)退出:退出当前操作窗口。

4.2.3.2.3 合同附件管理

点击合同制定页面,点击已有合同后,显示上图窗口。

合同附件管理主要用来上传合同的扫描件和发票扫描件备份,并提供下载和删除功能,同时在列表的页面提供展示的区域。

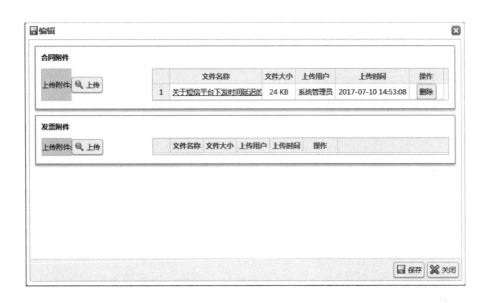

上传分为合同附件和发票附件，显示区域根据不同附件类型依次附件明细。

4.2.3.2.4 合同执行分析

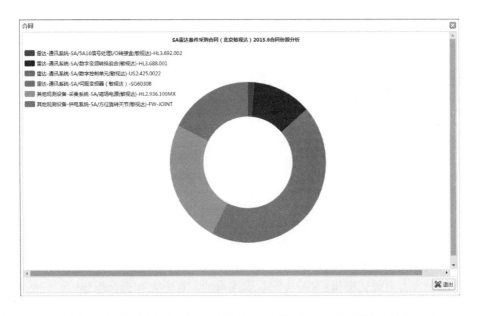

合同份额指合同明细在合同总金额里所占的比例情况，主要是提供统计参考。

4.2.3.3 采购入库

入库管理功能对所有的入库表单进行集中管理，内容包含采购入库、调拨入库、借用入库、归还入库、送检入库、送修入库。

入库表单基本信息区设定了单据类型选择项，使用入库表单时根据不同的业务需要选择控制区不同的选项，它们对应的业务类型如下：

采购入库：采购入库与合同直接关联，使用时在基本信息区选择采购相关联的合同，系统将自动加载表单明细，表单明细会自动根据已入库的情况计算剩余数量，入库时可根据来货情况入库，并可多次入库。

调拨入库：调拨入库是根据调拨出库地的调拨出库单号自动加载单据所有信息，无须录入可自动入库。

借用入库：借用入库同调拨入库类似，根据借用出库单号自动加载借用单信息，无须录入可自动入库。

归还入库：归还入库同调拨入库类似，根据归还出库单号自动加载归还单信息，无须录入可自动入库。

送检入库：送检入库同调拨入库类似，根据送检出库单号自动加载送检单信息，无须录入可自动入库。

送修入库：送修入库同调拨入库类似，根据送修出库单号自动加载送检单信息，无须录入可自动入库。

➤ 按钮区

入库单打印：可打印采购入库单入库时的设备明细。

明细：可打印当前表单明细的所有设备明细信息。

条码打印：可打印采购入库的所有表单明细入库的时的设备条码。

保存：保存为表单提交按钮，主要功能有提交前的数据验证和提交操作。

退出：退出当前操作窗口。

4.2.4　设备流转

设备流转流程如下图所示。

省级机构采购设备后,通过调拨出库满足各市级、县级对设备需求。市级、县级登录系统后,在调拨入库单中选择省级调拨出库单,进行设备入库操作。

4.2.4.1 设备出库

出库管理功能是对所有出库类型的集中管理,系统中所有出库业务都由当前功能完成。界面如下图所示。

出库管理功能的操作窗口与入库管理的布局类似,出库管理功能操作比入库更为简单,只需描码就可自动加载设备、组件的明细信息,点击新增按钮,就能追加耗材的明细信息,再根据当前表单明细信息进行操作出库,业务类型对应如下:

调拨出库:当调拨出库类型时系统自动分析系统数据,使用描码就可自动加载设备、组件的明细信息,点击新增按钮,就能追加耗材的明细信息。

借用出库:借用出库类型功能同调拨出库一致。

归还出库:归还出库类型功能同调拨出库一致。

送检出库:送检出库类型是当系统中记录未使用设备需要送检时使用。

送修出库:送修出库类型是当系统中记录有已损坏设备需要送修时使用。

➤ 按钮区

新增:新增按钮用来增加耗材表单明细表的数据记录。

清除:当选择表单明细区某条记录时,可点击清除探针清除掉该条记录。

保存:保存为表单提交按钮,主要功能有提交前的数据验证和提交操作。

出库:出库为表单提交按钮,主要功能有提交前的数据验证和提交操作,明细中所有设备出库。

打印:在浏览和修改时可预览并打印当前单据信息。

明细:在已发货状态下可预览并打印当前出库单单据明细信息。

退出:退出当前操作窗口。

4.2.4.2　设备入库

入库管理功能对所有的入库表单进行集中管理，内容包含采购入库、调拨入库、借用入库、归还入库、送检入库、送修入库。

入库表单基本信息区设定了单据类型选择项，使用入库表单时根据不同的业务需要选择控制区不同的选项，它们对应的业务类型如下：

采购入库：采购入库与合同直接关联，使用时在基本信息区选择采购相关联的合同，系统将自动加载表单明细，表单明细会自动根据已入库的情况计算剩余数量，入库时可根据来货情况入库，并可多次入库。

调拨入库：调拨入库是根据调拨出库地的调拨出库单号自动加载单据所有信息，无须录入可自动入库。

借用入库：借用入库同调拨入库类似，根据借用出库单号自动加载借用单信息，无须录入可自动入库。

归还入库：归还入库同调拨入库类似，根据归还出库单号自动加载归还单信息，无须录入可自动入库。

送检入库：送检入库同调拨入库类似，根据送检出库单号自动加载送检单信息，无须录入可自动入库。

送修入库：送修入库同调拨入库类似，根据送修出库单号自动加载送检单信息，无须录入可自动入库。

➢ 按钮区

入库单打印：可打印采购入库单入库时的设备明细。

明细：可打印当前表单明细的所有设备明细信息。

条码打印：可打印采购入库的所有表单明细入库的时的设备条码。

保存：保存为表单提交按钮，主要功能有提交前的数据验证和提交操作。

退出：退出当前操作窗口。

4.2.5　设备检定

设备检定流程如下图所示。

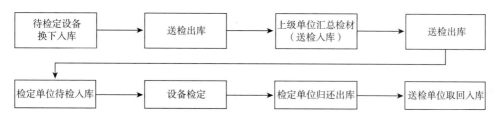

送检出库单中,扫描换下待检定设备,填写出库单,选择送检单位后,设备出库。送检单位登陆后,选择送检入库单,执行入库操作。之后对待检定设备进行检定。在检定后,执行调拨出库,对检定设备重新调回送检前单位。送检前单位执行入库操作。

4.2.5.1　到检提醒

按设备类型查询已经超检的数据。

4.2.5.2　送检出库

通过扫码器扫描需要送检的备件,需要选择送检单位和填写接收人,单据号自动生成。点击保存会保存在出库列表但并未出库点击出库将直接出库。

4.2.5.3 待检入库

送检入库同调拨入库类似,根据送检出库单号自动加载送检单信息,无须录入可自动入库。

4.2.5.4 设备检定(3MS)

系统集成3MS不需要再次登录直接可通过设备检定模块操作。

4.2.5.5　设备归还

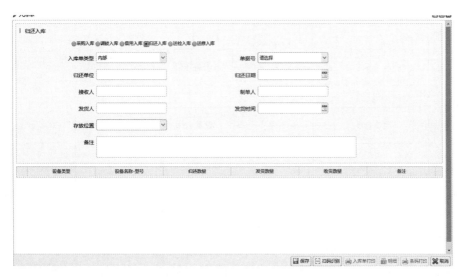

当归还出库类型时系统自动分析系统数据，使用扫码就可自动加载设备、组件的明细信息。

归还入库是根据归还出库地的归还出库单号自动加载单据所有信息，无须录入可自动入库

4.2.6　设备维修/维护

1. 新一代天气雷达、风廓线雷达维修流程

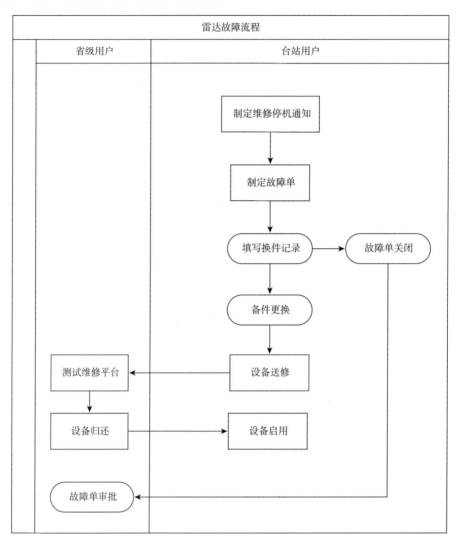

由于雷达需要填写故障维修单需要先填写停机通知，并且停机通知的时间要大于维护维修的时间，维护维修的活动是在雷达停机后进行的，所以这里单据的关联关系就是停机通知在前，维护维修单据在后，这个是单据的建立流程。相应的操作系统也有对应的限制和提醒，在操作的时候留意细节方可，提交的按钮有保存和保存并关闭，只有这个单据关闭了，这个事情才彻底结束，流程走完，所以要注意最后的这点。

维护维修也会关联到供应管理的生命周期中设计的数据会根据具体的操作流转处理，故障维修、更换、报废、检测的由于故障引起的设备问题也会流转到供应链路中。

2. 其他设备维修流程

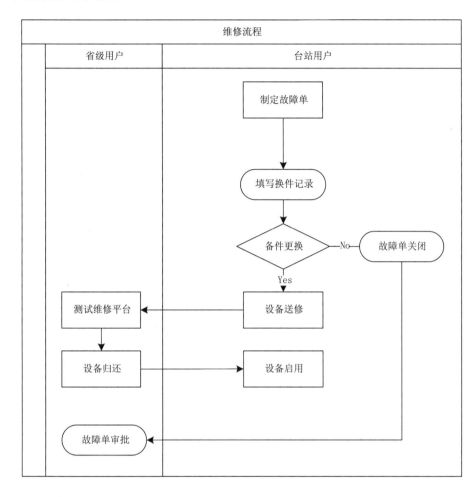

非雷达的设备不需要建立停机通知,具体的流程就是上图所示直接根据对应问题,建立设备问题反馈单据即可,涉及供应流转的一样按照系统提示生成单据即可。

3. 新一代天气雷达、风廓线雷达维护流程

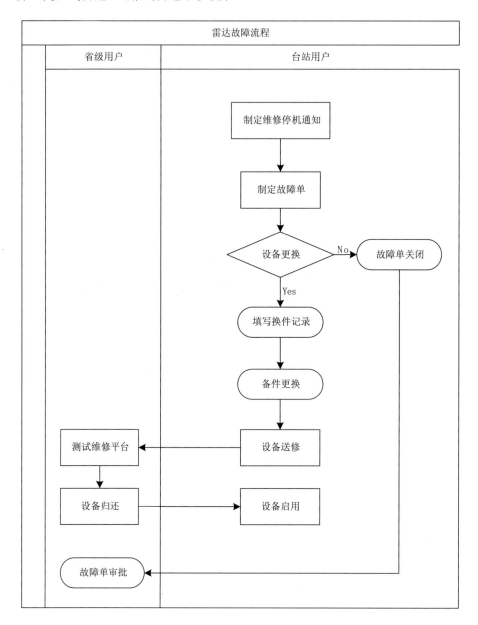

雷达的维护就是需要先建立停机通知,停机后维护,维护单据的时间范围要在停机通知的范围内,损坏或者更新的设备,对应供应链路处理由于维护产生的设备流转。

4. 其他设备维护流程

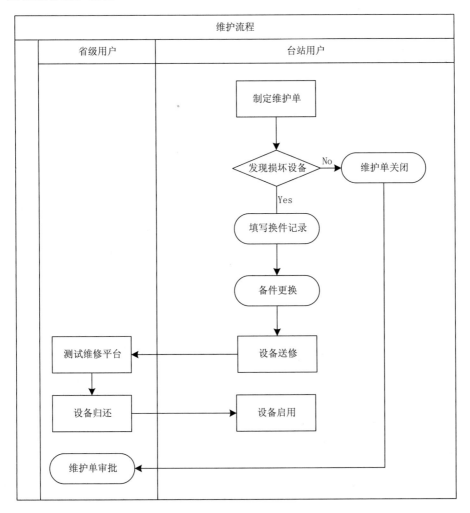

维护/维修首页显示如下图所示。

该页面分上下两部分,上部分以折线图标识各单据分布走势,下部分以表格形式展示具体数据。

4.2.6.1　停机通知

4.2.6.1.1　新一代天气雷达停机通知

1. 天气雷达填写停机通知,选择台站,停机类型,如果选择维护性停机则与天气雷达维护单关联使用;如果选择故障维修停机则与天气雷达故障单关联使用;其他停机类型为单独的停机通知类型,不与维护单或故障单关联。

2. 如果停机类型为维护性停机,停机原因选择周、日、年维护的停机通知才与天气雷达维护单关联。其他停机原因为单独存在的停机通知不与维护单关联。

3. 停机通知结束时间可以不填,如果不填写停机结束时间,那么停机时间为开始时间之后一直延续。停机通知单据同种装备会进行时间重复检查,只要存在时间有交集的单据均不能填报成功,需要调整时间不与现有单据时间有交集即可。

4. 天气雷达特殊停机通知需要上传附件。

4.2.6.1.2 国家自动站停机通知

1. 国家自动站填写停机通知,选择台站,停机类型,国家停机通知所有类型均不与故障单或维护单关联,停机通知单独存在。

2. 国家自动站停机通知如果停机类型选择特殊停机，则详细停机通知为必填项。

4.2.6.1.3　区域自动站停机通知

1. 区域自动站停机通知填写，填写台站、停机类型及停机原因，停机结束时间可以不填写，如果不填写停机结束时间则视该停机通知时间从开始时间一直延续，停机通知会有单据开始结束时间校验与现有单据时间有交集的单据均不可填写，只需修改时间即可。

2. 区域自动站停机通知需要上传附件。

4.2.6.1.4　土壤水分观测站停机通知

土壤水分观测站停机通知填写,填写台站、停机类型及停机原因,停机结束时间可以不填写,如果不填写停机结束时间则视该停机通知时间从开始时间一直延续,停机通知会有单据开始结束时间校验与现有单据时间有交集的单据均不可填写,只需修改时间即可。

4.2.6.1.5　风廓线雷达停机通知

风廓线雷达停机通知新建,如下图找到维护维修→风廓线雷达停机通知。

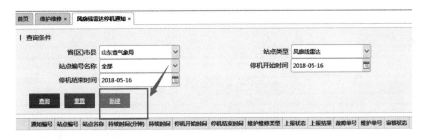

提填写表单必要的信息及对应的停机类型,保存即可。

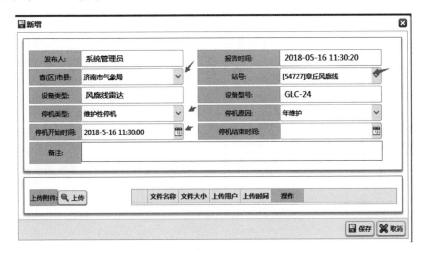

4.2.6.1.6 探空系统停机通知

探空系统停机通知新建,如下图找到维护维修→探空系统停机通知。

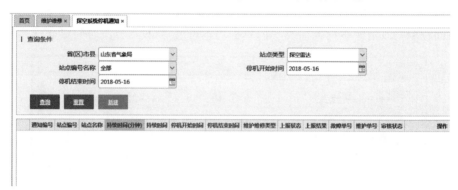

提填写表单必要的信息及对应的停机类型,保存即可。

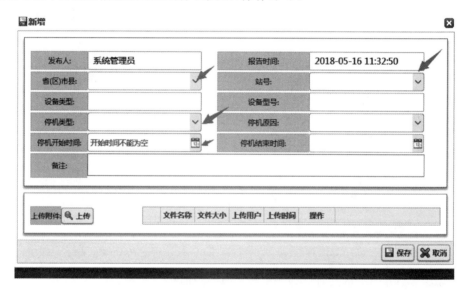

4.2.6.1.7 GPS/MET 水汽站停机通知

GPS/MET 水汽站停机通知新建,如下图找到维护维修→GPS/MET 水汽站停机通知。

提填写表单必要的信息及对应的停机类型,保存即可。

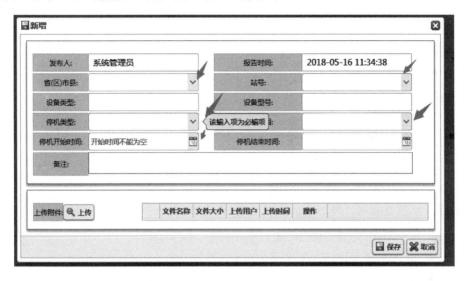

4.2.6.1.8 雷电监测站停机通知

雷电监测站停机通知新建,如下图找到维护维修→雷电监测站停机通知。

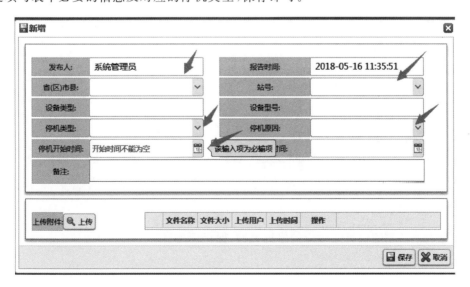

提填写表单必要的信息及对应的停机类型,保存即可。

4.2.6.1.9　大气成分站停机通知

大气成分站停机通知新建,如下图找到维护维修→大气成分站停机通知。

提填写表单必要的信息及对应的停机类型,保存即可。

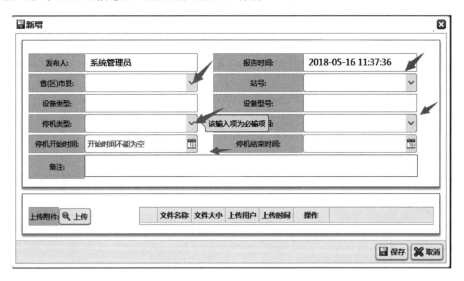

4.2.6.1.10　风能观测站停机通知

风能观测站停机通知新建,如下图找到维护维修→风能观测站停机通知。

提填写表单必要的信息及对应的停机类型,保存即可。

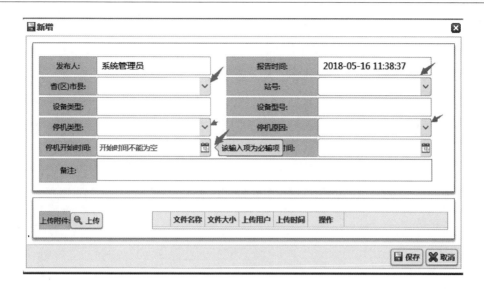

4.2.6.2　故障单管理

4.2.6.2.1　故障单管理

故障单管理是对所有类型故障单统一管理页面,拥有其他类型装备的所有功能,可以集中处理各个类型的所有故障单相关业务。

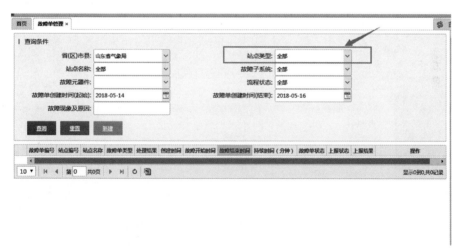

图中的【站点类型】为各个装备切换的点,切换后和其他单独的功能页面无差别。

4.2.6.2.2　新一代天气雷达故障单

1. 新一代天气雷达故障单填写,选择与事先填写的停机通知相同的台站,故障的开始时间结束时间范围要在对应的停机通知时间范围内(图 4.21b),并且停机通知的类型必须是故障维修停机(图 4.21a)。这样才能在停机通知那里找到所填写的停机通知单据。另外如果事先未填写停机通知,还可以通过【增加停机通知单】链接来便捷地添加停机通知无需取消当前页面另行添加(图 4.21c)。

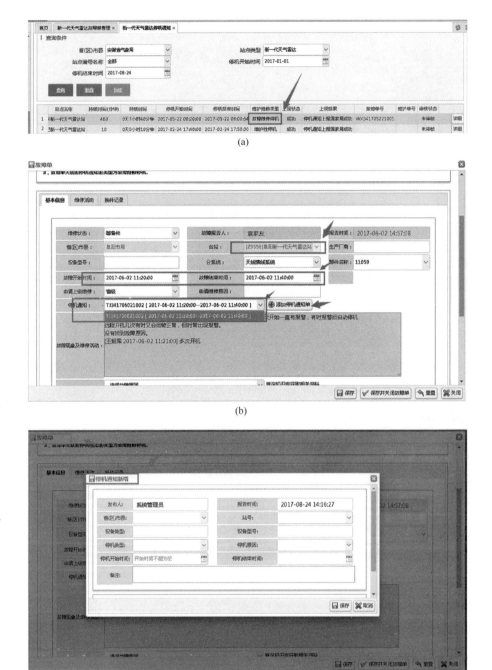

图 4.21　新一代天气雷达故障单编辑页面

2. 新一代天气雷达故障单中【维修活动】为必填项，位置在【基本信息】右边第一个页签，开始时间和结束时间必须在故障单的开始时间结束时间范围内。

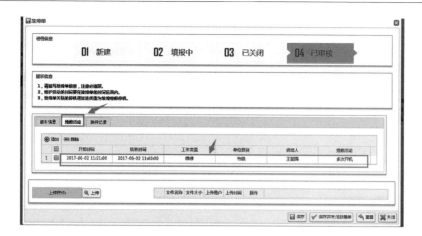

4.2.6.2.3　国家自动站故障单

1. 国家自动站故障单,无需关联停机通知正常填写即可,但是维修活动为必填项,时间要在故障单时间范围内,故障单单据同种装备会进行时间重复检查,只要存在时间有交集的单据均不能填报成功,需要调整时间不与现有单据时间有交集即可。

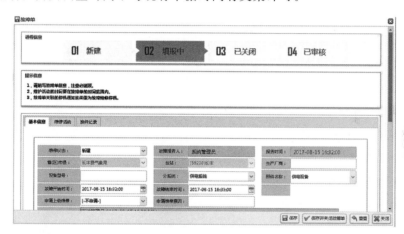

2. 国家自动站故障单中【维修活动】为必填项,位置在【基本信息】右边第一个页签,开始时间和结束时间必须在故障单的开始时间结束时间范围内。

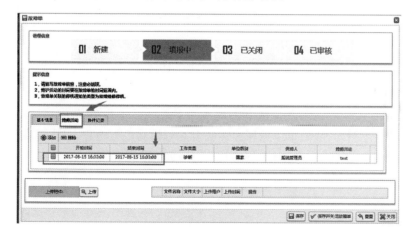

4.2.6.2.4   区域自动站故障单

1. 区域自动站故障单,无需关联停机通知正常填写即可,但是维修活动为必填项,时间要在故障单时间范围内,故障单单据同种装备会进行时间重复检查,只要存在时间有交集的单据均不能填报成功,需要调整时间不与现有单据时间有交集即可。

2. 区域自动站故障单中【维修活动】为必填项,位置在【基本信息】右边第一个页签,开始时间和结束时间必须在故障单的开始时间结束时间范围内。

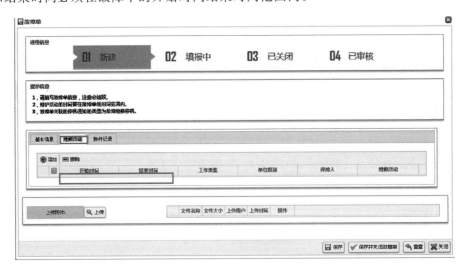

4.2.6.2.5   土壤水分观测站故障单

1. 土壤水分观测站故障单,无需关联停机通知正常填写即可,但是维修活动为必填项,时间要在故障单时间范围内,故障单单据同种装备会进行时间重复检查,只要存在时间有交集的单据均不能填报成功,需要调整时间不与现有单据时间有交集即可。

2. 土壤水分观测站故障单中【维修活动】为必填项,位置在【基本信息】右边第一个页签,开始时间和结束时间必须在故障单的开始时间结束时间范围内。

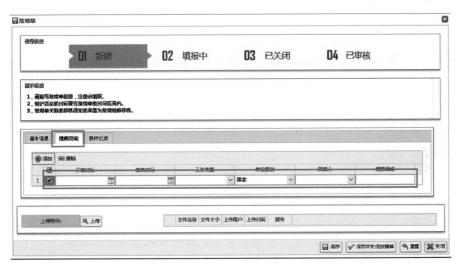

4.2.6.2.6　风廓线雷达故障管理

风廓线雷达故障单管理页面→新建故障单:

新建故障单页面填写必要的信息,下图提示信息及框内都是必填信息:

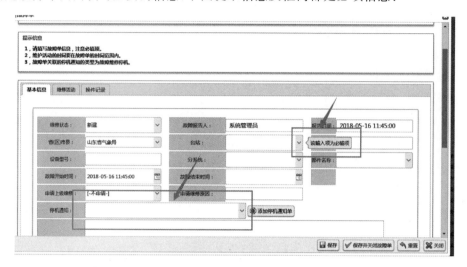

4.2.6.2.7 探空系统故障管理

探空系统故障单管理页面→新建故障单:

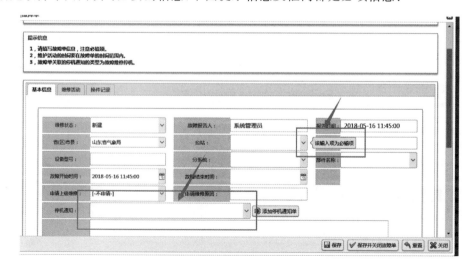

新建故障单页面填写必要的信息,下图提示信息及框内都是必填信息:

4.2.6.2.8 GPS/MET 水汽站故障管理

GPS/MET 水汽站故障单管理页面→新建故障单：

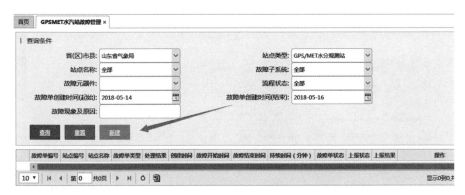

新建故障单页面填写必要的信息，下图提示信息及框内都是必填信息：

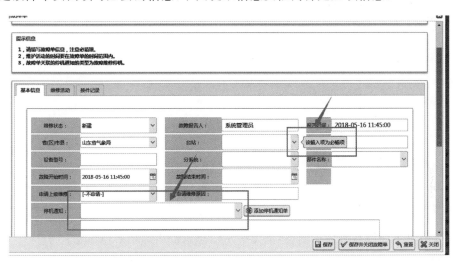

4.2.6.2.9 雷电监测站故障管理

雷电监测站故障单管理页面→新建故障单：

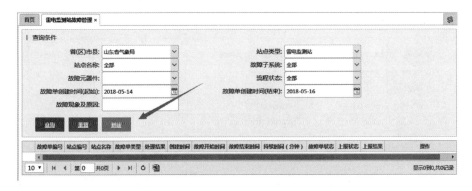

新建故障单页面填写必要的信息，下图提示信息及框内都是必填信息：

4.2.6.2.10　大气成分站故障管理

大气成分站故障单管理页面→新建故障单：

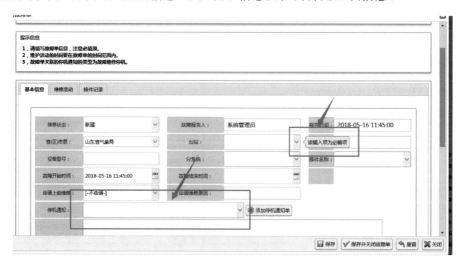

新建故障单页面填写必要的信息，下图提示信息及框内都是必填信息：

4.2.6.2.11　风能观测站故障管理

风能观测站故障单管理页面→新建故障单：

新建故障单页面填写必要的信息,下图提示信息及框内都是必填信息:

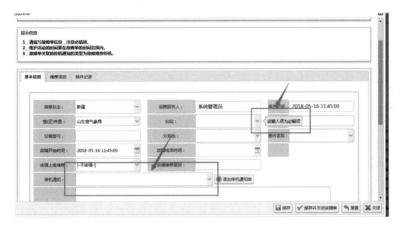

4.2.6.3 维护单管理

4.2.6.3.1 新一代天气雷达维护单

1.新一代天气雷达维护单填写,选择与事先填写的停机通知相同的台站,故障的开始时间和结束时间范围要在对应的停机通知时间范围内并且停机通知的类型必须是维护性停机,小类必须与维护单类型一致。这样才能在停机通知那里找到所填写的停机通知单据。另外,如果事先未填写停机通知,还可以通过【增加停机通知单】链接来便捷地添加停机通知无需取消当前页面另行添加。详细操作图例见下图。

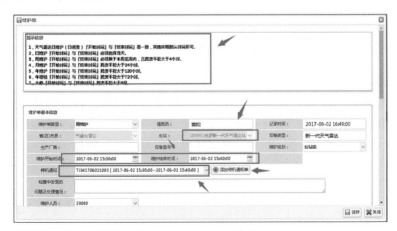

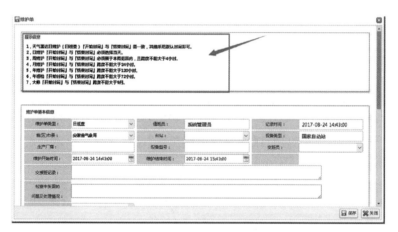

4.2.6.3.2 国家自动站维护单

国家自动站维护单填写,维护单单据同种装备会进行时间重复检查,只要存在时间有交集的单据均不能填报成功,需要调整时间不与现有单据时间有交集即可。每个单据的首页都有提示信息,请在填写前仔细阅读。失败时可以从提示信息查找失败原因,并且填写失败会有消息提示。

4.2.6.3.3 区域自动站维护单

区域自动站维护单填写,维护单单据同种装备会进行时间重复检查,只要存在时间有交集的单据均不能填报成功,需要调整时间不与现有单据时间有交集即可。每个单据的首页都有提示信息,请在填写前仔细阅读。失败时可以从提示信息查找失败原因,并且填写失败会有消息提示。

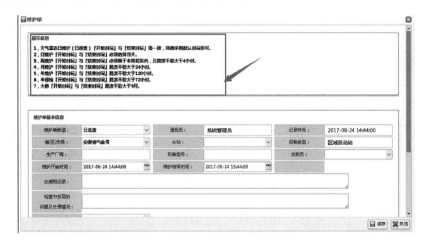

4.2.6.3.4 土壤水分观测站维护单

土壤水分观测站维护单填写,维护单单据同种装备会进行时间重复检查,只要存在时间有交集的单据均不能填报成功,需要调整时间不与现有单据时间有交集即可。每个单据的首页都有提示信息,请在填写前仔细阅读。失败时可以从提示信息查找失败原因,并且填写失败会有消息提示。

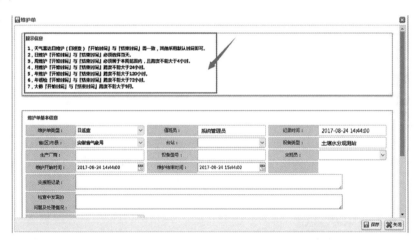

4.2.6.3.5 风廓线雷达维护单

风廓线雷达维护单管理页面→新建维护单:

新建维护单页面填写必要的信息,下图提示信息及框内都是必填信息:

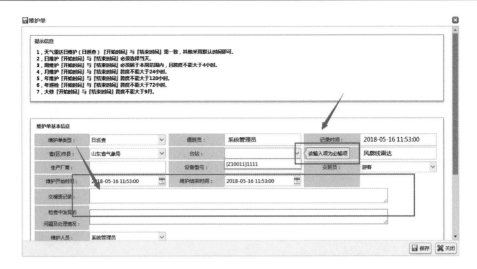

4.2.6.3.6　探空系统维护单

探空系统维护单管理页面→新建维护单：

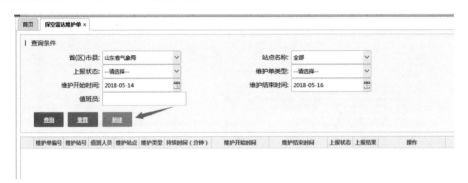

新建维护单页面填写必要的信息，下图提示信息及框内都是必填信息：

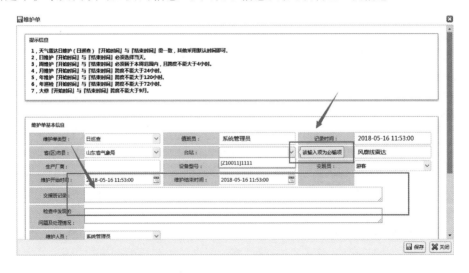

4.2.6.3.7　GPS/MET 水汽站维护单

GPS/MET 水汽站维护单管理页面→新建维护单：

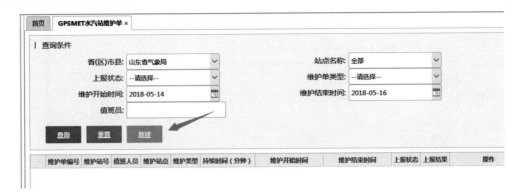

新建维护单页面填写必要的信息,下图提示信息及框内都是必填信息:

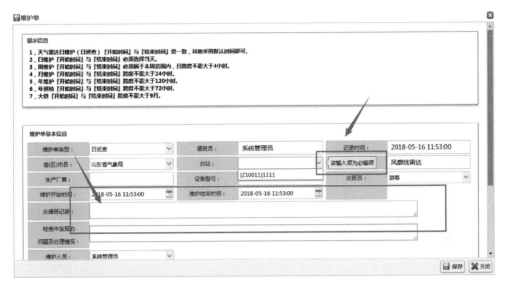

4.2.6.3.8　雷电监测站维护单

雷电监测站维护单管理页面→新建维护单:

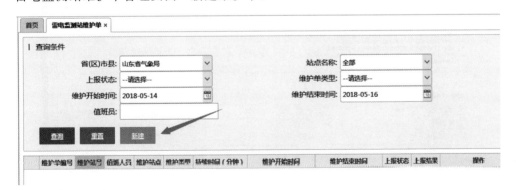

新建维护单页面填写必要的信息,下图提示信息及框内都是必填信息:

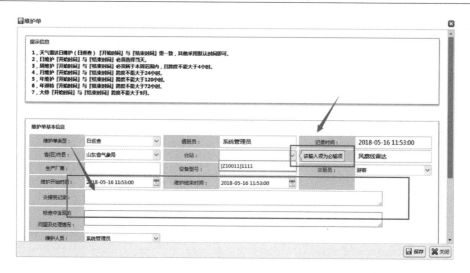

4.2.6.3.9 大气成分站维护单

大气成分站维护单管理页面→新建维护单：

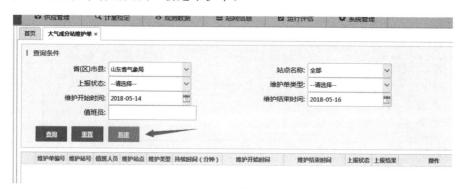

新建维护单页面填写必要的信息，下图提示信息及框内都是必填信息：

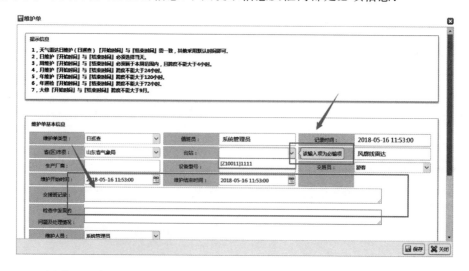

4.2.6.3.10 风能观测站维护单

风能观测站维护单管理页面→新建维护单：

新建维护单页面填写必要的信息，下图提示信息及框内都是必填信息：

4.2.6.4　设备更换

设备管理主要是台站使用的功能，通过站点启用装备和对装备的维护功能、换件、启用辅助备件等功能的集合。

选择任一已启用设备，点击撤站按钮，操作窗口中显示即将撤下的设备存放的仓库地址，并设定该设备是否已损坏。

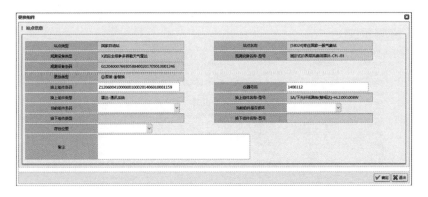

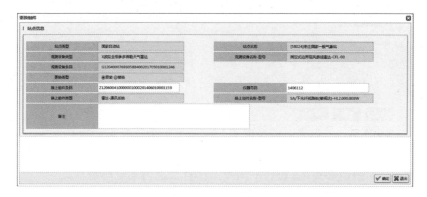

更换组件功能主是针备件损坏的装备的维护功能,在更换组件操作时打开图示窗口,其中有两个选项,原装和替换:原装指当前装备为新装备未损坏过此备件,更换组件时选择此项系统自动分析处理后台业务,当该装备已损坏过相同备件时选择替换项,替换现有备件的下拉框会自动加载以前更换的备件可选择,后台会根据选择情况处理更换下的备件,当上述操作完成后可点击提交即可。

当设备开始服役时,需要使用启用功能,启用功能只在设备管理上应用,只需要选中一台仪器,在启用设备窗口点击启用即可。

4.2.6.5　设备送修(测试维修平台)

出\入库单管理页面,对送修设备进行出\入库操作:

	出库单类型	出库单号	接收单位	单据时间	单据数量	接收人	入库单状态
1	送修出库	CK18050310001	省局计量检定室	2018-05-03 13	1	11	已收货
2	送修出库	CK18041910002	省局技术保障室	2018-04-19 11	1	bb	待出库
3	送修出库	CK18041910001	省局技术保障室	2018-04-19 11	1	aa	已发货
4	调拨出库	CK18022610001	济南市气象局	2018-02-26 11	2	啊	已发货
5	调拨出库	CK17111310003	平阴县局	2017-11-13 11	1	pingyin	已收货
6	调拨出库	CK17111310002	平阴县局	2017-11-13 11	1	pingyin	已收货
7	调拨出库	CK17111010003	济南市气象局	2017-11-10 17	1	jinan	已收货
8	调拨出库	CK17111010002	济南市气象局	2017-11-10 17	1	jinan	已收货
9	调拨出库	CK17091310006	济南市气象局		1	系统管理员	已收货
10	调拨出库	CK17091310005	济南市气象局		1	系统管理员	已发货

下图选择送修出\入库,填写送修信息:

4.2.6.6　设备归还

出\入库单管理页面,对归还设备进行出\入库操作:

下图选择送修出\入库,填写设备归还信息:

4.2.6.7　设备启用

设备管理页面,对设备进行启用操作:

填写相应信息,启用设备:

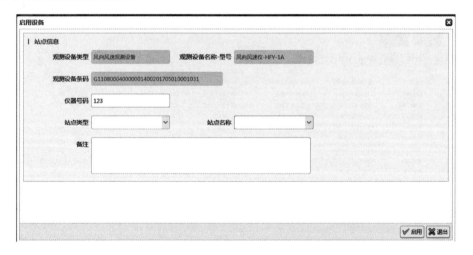

4.2.7　设备使用

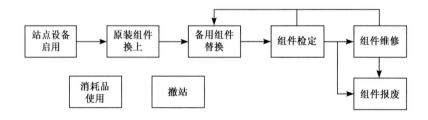

采购来的新设备,送检、送修后的旧设备可以在现有站点上启用。可以作为原装组件换上,也可以替换旧设备组件。替换下的旧设备需要重新检定、维修。已无法检修的组件需要申请报废。

4.2.7.1　观测设备启用

观测设备启用检索页面:

检索页面可以根据站点类型、台站号、设备类型、设备名称、启用状态、自动站备件类型、有效期及装备编码详细查询。

选择一条未启用数据,点击启用按钮:

选择站点名称后,点击启用按钮,设定观测设备在此站点下为启用状态。检索页面更新:

选择一条已启用数据,点击浏览站网按钮:

站网详细信息在弹出窗口中显示。

点击更换组件按钮:

可以对观测设备追加、更换组件。更换组件时,是将原组件撤下后,再将新组件加载到观测设备中。

4.2.7.2　组件启用

组件启用检索页面:

检索页面可以根据站点类型、台站号、设备类型、设备名称、启用状态、自动站备件类型、有效期及装备编码详细查询。

选择一条未启用数据,点击换上按钮:

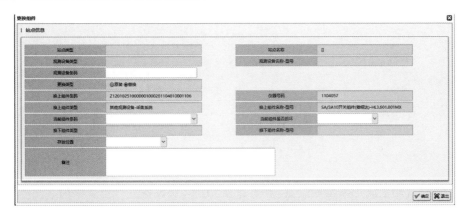

通过扫描观测设备条码,将当前组件追加或替换观测设备组件。通过选择当前组件,以替换当前组件。或选择更换类型:原装,追加观测设备组件。

4.2.7.3　组件撤换

在组件管理检索页面中,选择一条已启用组件。点击撤下按钮:

已启用的组件将从观测设备上撤下,并标记该设备是否损坏。

4.2.7.4　整站撤下

在设备管理检索页面,选择一件已启用数据,点击撤站按钮:

选择设备库存位置与撤下后设备状态,点击确定,该观察设备将从原站网中撤下。

4.2.7.5　设备送修

点击【账单管理】—【出库管理】—【新增】:

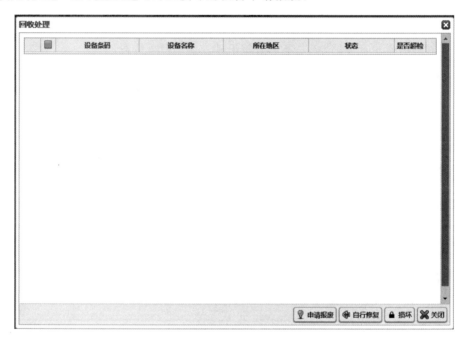

根据条码、自动生成送修出库一览,点击保存、出库,对设备进行送修管理。

4.2.7.6　设备报废

【使用管理】—【回收处理】可对已损坏的设备申请报废:

申请报废后,对报废设备进行审核,通过后,设备正式报废。

4.2.7.7　耗材消耗

耗材消耗检索页面：

		组记ID	设备编码	所属组织	设备名称型号	生效开始时间	生效结束时间	日消耗数量
1		1000000130	3111	长岛县局	数字式探空仪(长望)-GTS1	2017-03-28	2017-05-05	1
2		1000000130	4	长岛县局		2017-04-13	2018-04-06	2
3		1000000112		济南市气象局		2017-04-24	2017-04-25	10
4		1000000112	4	济南市气象局		2017-04-24	2017-04-26	1
5		1000000111	3081	山东省气象局	CINRAD/CD编制器(成都院)	2017-05-16	2019-05-03	5
6		1000000199	3105	平阴县局	电子盒 (深圳信测)-卡环	2017-05-17	2019-05-31	1
7		1000000199	3081	平阴县局	CINRAD/CD整流柜(成都院)	2017-05-17	2021-05-19	1
8		1000000199	3089	平阴县局	SA/开关-491-743	2017-05-17	2020-05-08	1

点击新增：

可以设定耗材每日消耗量、生效开始、结束日期、最小库存数等。

4.2.8　供应管理

4.2.8.1　使用管理模块

4.2.8.1.1　检定结果上传功能
能够将检定结果以文档形式上传，批量维护检定结果。

4.2.8.1.2　销毁处理功能
将某个设备明细删除。由于删除是永久删除，情报明细不会再恢复，所以，使用时需要慎重！

4.2.8.1.3　设备管理功能
设备管理主要是台站使用的功能，通过站点启用装备和对装备的维护功能、换件、启用辅助备件等功能的集合。

　　选择任一已启用设备,点击撤站按钮,操作窗口中显示即将撤下的设备存放的仓库地址,并设定该设备是否已损坏。

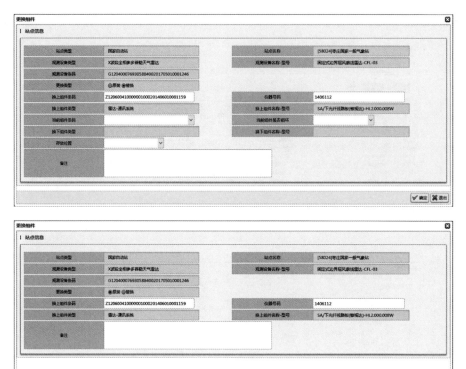

　　更换组件功能主要是针对备件损坏的装备的维护功能,在更换组件操作时打开图示窗口,其中有两个选项,原装和替换:原装指当前装备为新装备未损坏过此备件,更换组件时选择此项系统自动分析处理后台业务,当该装备已损坏过相同备件时选择替换项,替换现有备件的下拉框会自动加载以前更换的备件可选择,后台会根据选择情况处理更换下的备件,当上述操作完成后点击提交即可。

当设备开始服役时,需要使用启用功能,启用功能只在设备管理上应用,只需要选中一台仪器,在启用设备窗口点击启用即可。

4.2.8.1.4　组件管理

组件管理功能主要是针对备件损坏的装备的维护功能。

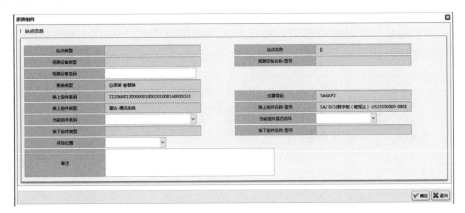

在换上操作时打开图示窗口,其中有两个选项,原装和替换:原装指当前装备为新装备未损坏过此备件,换上时选择此项系统自动分析处理后台业务,当该装备已损坏过相同备件时选择替换项,替换现有备件的下拉框会自动加载以前更换的备件可选择,后台会根据选择情况处理更换下的备件,当上述操作完成后点击提交即可。

在换下操作时打开图示窗口,选择换下后组件的存放位置及组件状态是否正常。该备件也将从其所属的设备中撤下。

4.2.8.1.5　回收处理功能

回收处理是对系统中出现的特殊装备进行集中管理,如已损坏、已丢失、已撤下三种状态的装备、备件、辅助设备等进行管理。

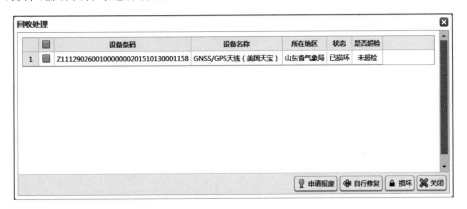

三种状态的设备在操作窗口中可根据状态选择进行自动加载,用户可将待处理的设备进行人工判定损坏,通过送修处理进行修复。

用户可申请报废或修改或自行判定损坏操作,当使用申请报废时必须经过审批。

在修改完成后也可对设备进行重新应用,重新进入到流转过程中。

4.2.8.1.6　报废审批功能

报废审批功能是对市级或省级用户提交上来的报废申请进行集中管理的功能,便于用户对设备进行有效控制。

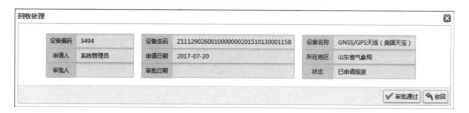

➤按钮区:

审批通过:当点击批准后表单明细中所列设备将结束生命周期。

驳回:如果点击驳回功能,系统将不会处理相关设备,需用户重新提交。

4.2.8.1.7　制作条形码功能

制作条形码功能通过选择设备类型,生成不同的条形码,结合打印功能,将现有无条码设备追加至数据库中。

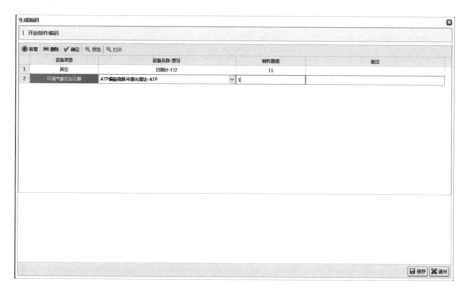

➤按钮区:

新增:在明细一栏中新增一行,点击单元格"设备名称—型号",选择需要制作条形码的设备名称。

删除:选择一行明细,点击删除,该行将从明细中删除,此次制作将不再包含该设备。

确定:确认完成当前修改的明细记录,刷新数据,将新信息显示至明细中。

预览:制作条码完成后,点击预览,将在浏览器中预览到生成的新条码。

　　打印:制作条码完成后,点击打印,将生成的条形码打印出来,用户只要将新条码贴合至设备上即可。

　　保存:保存为表单提交按钮,主要功能有提交前的数据验证和提交操作。

　　退出:退出当前操作窗口。

4.2.8.1.8　修改条码功能

　　针对现有库存中设备的条码进行修改。设备条码只能被修改一次。

　　在设备新条码区输入新条码,点击保存,就能够更新该设备所对应的条码,一个设备对应一个条码,条码无重复。

4.2.8.1.9　耗材管理功能

　　设定每种耗材每日的消耗量。耗材管理能够维护每日耗材的消耗量,及时修改、追加新消耗。

　　详细填写设备的基本信息和日消耗量,点击保存,即可每日自动更新库存中耗材的消耗信息。

4.3 省级系统管理员业务说明

4.3.1 计量检定

一体化模块使用方法：

站网信息—组织地域管理—组织管理

检定所需要设置检定机构为"是"。

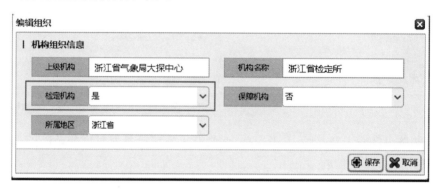

系统管理—权限管理—计量检定用户关联管理

这里可以查询到所有所属组织为检定机构的用户。

点击"用户配置"：

可以指定一体化用户对应的 3MS 系统用户。绑定后一体化用户登录一体化系统之后即可通过计量检定菜单直接打开 3MS 系统界面而不需要再次登录 3MS 系统。

4.3.2 系统管理

4.3.2.1 权限管理

4.3.2.1.1 功能权限管理

功能权限管理界面如下图所示。

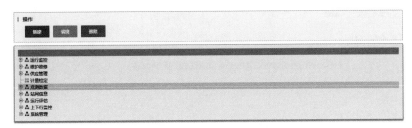

界面主要分为上下两部分,分别为按钮区和功能显示区。

➤ 新建

新建界面如下图所示。

未选择上级节点,直接点击新建将创建一个根节点;

选择任一节点,点击新建,将以选中的节点为父节点,创建它的子节点。

点击新建后将弹出新建界面,其中带有红色"＊"号标识的为必填项,如果不填将不能保存;

进入新建页面后上级节点为默认值,不可修改;

点击关闭按钮将直接关闭,不保存。

➤ 编辑

编辑界面如下图所示:

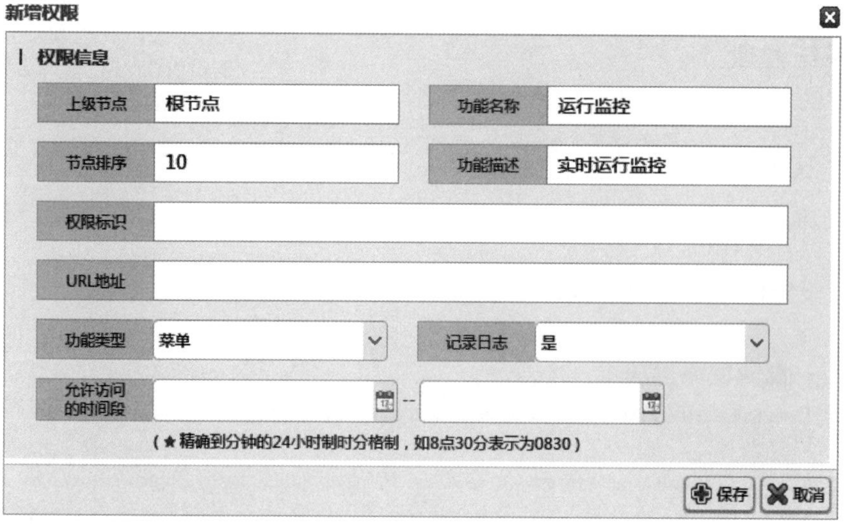

未选择节点，直接点击编辑，不能进行编辑操作；

选择任一节点，点击编辑，将对选择的节点进行编辑；

点击编辑弹出的界面和新建页面是一样的，可以对其中的内容进行修改，点击保存将保存为修改后的信息；

带有红色"＊"号标识的为必选项，不能清空，否则不能保存；

上级节点不可修改；

点击关闭按钮将直接关闭，不保存。

➢ 删除

未选择节点，直接点击删除按钮，不能进行删除操作；

选择一个有子节点的节点，点击删除，不能进行删除操作；

选择一个叶子节点，点击删除，确认将删除该节点，取消将不删除；

所有叶子节点都删除以后，可以删除上级节点。

4.3.2.1.2　用户管理

用户管理界面如下图所示。

整个界面从上到下划分为4部分,分别为查询条件区、按钮区、列表显示区和功能菜单区。

➤ 查询

不输入任何条件,直接点击查询,将查询出所有用户信息;

输入相应条件,将查询出符合条件的用户信息,没有符合条件的将没有结果显示。

➤ 重置

不输入任何条件,点击重置按钮界面无变化;

输入条件,点击重置按钮,将返回初始界面,为空或者默认值。

➤ 新建

新建界面如下图所示。

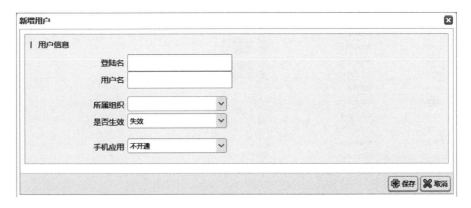

点击新建,将弹出新建界面;

带有红色"＊"号标识的为必填项,为空将不能保存,并有提示信息;

正确填写信息并保存成功后将创建一个新的用户;

点击关闭按钮,将不进行保存,直接关闭新建界面。

➤ 编辑

编辑界面如下图所示。

点击编辑,弹出的的界面和新建界面相同;

带有红色"＊"号标识的为必填项,清空将不能保存,并弹出提示信息;

所有信息都可以修改,点击保存将新的信息保存;

点击关闭将不保存,仍为原来的信息。

> 删除

点击删除,确认将删除信息,取消将不删除。

> 重置密码

点击重置密码,确认将重置为设置好的初始密码,取消将不重置。

> 配置用户组

点击配置用户组,将弹出用户组授权界面。

弹出的用户组授权界面整体分为两部分,左边为未授权的用户组列表,右边为已授权的用户组表。

左右两部分又分别分为四部分,分别为查询条件区,按钮区,列表显示区和翻页功能区。

默认显示所有的用户组列表,输入相应条件点击查询将查询出相应条件的用户组。

选择相应的用户组,为复选框,可以选择多个用户组,然后向右的箭头,确认将赋予该用户相应的用户组权限,取消将不赋予。

权限赋予后,左边将不再显示该用户组,该用户组将在右边显示。

右边默认显示所有的被赋予的权限,输入相应条件点击查询,将查询出符合条件的用户组,没有符合条件的将不显示。

选择右边已授权的用户组,为复选框,可以选择多个用户组,点击向左的箭头,确认将移除赋予该用户的权限,取消将不移除。

当用户组足够多时,将分页显示,翻页按钮将可用。

选择列表左上角的复选框,将选择所有的用户组。

翻页按钮:只有一页信息时翻页按钮不可用,否则点击将翻页。

直接输入正确页数,点击跳转按钮将跳转到指定页面,否则将弹出提示。

4.3.2.1.3 用户组管理

用户组管理界面如下图所示。

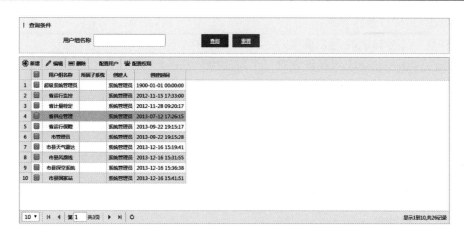

查询结果如下图：

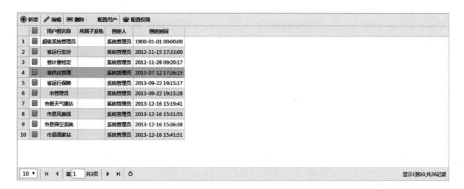

整个界面从上到下划分为 4 部分,分别为查询条件区、按钮区、列表显示区和功能菜单区。

➢ 查询

不输入任何条件,直接点击查询,将查询出所有用户组信息。

输入相应条件,将查询出符合条件的用户组信息,没有符合条件的将没有结果显示。

➢ 重置

不输入任何条件,点击重置按钮界面无变化。

输入条件,点击重置按钮,将返回初始界面,为空或者默认值。

➢ 新建

新建界面如下图所示：

点击新建,将弹出新建界面;

带有红色"＊"号标识的为必填项,为空将不能保存;

正确填写信息并保存成功后将创建一个新的用户组;

点击关闭按钮,将不进行保存,直接关闭新建界面。

➢ 批量删除

通过复选框选择想要删除的用户组。

点击批量删除按钮,确认将删除信息,取消将不删除

➢ 编辑

编辑界面如下图所示:

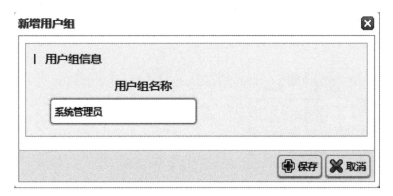

点击编辑,弹出的的界面和新建界面相同;

带有红色"＊"号标识的为必填项,清空将不能保存;

所有信息都可以修改,点击保存将新的信息保存;

点击关闭将不保存,仍为原来的信息。

➢ 删除

点击删除,确认将删除信息,取消将不删除。

➢ 配置用户

配置用户界面如下图所示:

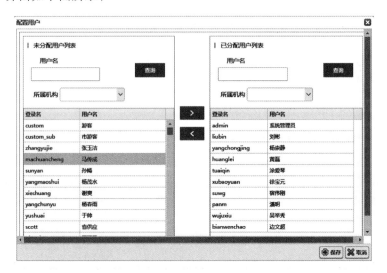

点击配置用户,将弹出配置用户界面。

弹出的用户组授权界面整体分为两部分,左边为未授权的用户列表,右边为已授权的用户列表。

左右两部分又分别分为四部分,分别为查询条件区,按钮区,列表显示区和翻页功能区。

默认显示所有的用户列表,输入相应条件点击查询将查询出相应条件的用户。

选择相应的用户,为复选框,可以选择多个用户,然后向右的箭头,确认将为该用户组添加相应的用户,取消将不添加。

用户添加后,左边将不再显示该用户,该用户将在右边显示。

右边默认显示所有的该用户组的用户,输入相应条件点击查询,将查询出符合条件的用户,没有符合条件的将不显示。

选择右边已授权的用户,为复选框,可以选择多个用户,点击向左的箭头,确认将移除该用户,取消将不移除。

当用户足够多时,将分页显示,翻页按钮将可用。

选择列表左上角的复选框,将选择所有的用户。

翻页按钮:只有一页信息时翻页按钮不可用,否则点击将翻页。

直接输入正确页数,点击跳转按钮将跳转到指定页面,否则将弹出提示。

➢ 配置权限

配置权限界面如下图所示:

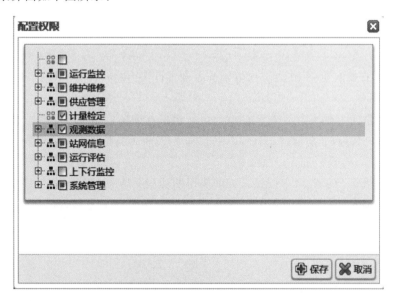

用户组是具有相同类别的用户的统称,通过对用户组授权,并将相同类别的用户加入同一用户组,使得这些用户具有相同的权限,提高系统授权的方便性。

点击配置权限,进入配置权限界面,界面分为上下两部分,分别为权限显示区和按钮区。

相应的权限前面有复选框,可以多选。

选择根节点的复选框,将选择该根节点下的所有节点。

点击保存将赋予该用户组相应的权限。

点击关闭将不保存直接关闭。

➢ 功能按钮

翻页功能:如果查询结果未大于一页,翻页按钮不可用,否则可用,点击将翻页。

输入正确页数,点击跳转将跳转到指定页面,否则将弹出提示。

选择不同的显示条数页面将按照选择进行显示。

点击导出 excel、csv、pdf 按钮,确定将导出所有信息,取消只导出当前页的信息,没有信息导出文件也为空。

点击打印按钮,如果打印机正常连接,确定将打印所有信息,取消只打印当前页信息。

点击刷新按钮,如果是刚进页面,将刷新出所有角色信息,如果有查询结果,页面将不变。

4.3.2.2 日志管理

4.3.2.2.1 登录日志

登入日志界面如下图所示:

整个界面从上到下划分为 4 部分,分别为查询条件区、按钮区、列表显示区和功能菜单区。

1. 查询条件区

查询条件区是输入查询登录日志条件的区域,根据查询条件显示匹配的告警。查询条件包括:登录名称,用户名称,成功标记,用户 IP,登录时间段,查询条件区查询条件默认显示全部。

2. 按钮区

按钮区包括查询与重置 2 个按钮。查询按钮的功能是查询与查询条件匹配的日志信息,并在列表显示区显示,重置按钮的功能是将输入的查询条件恢复为初始状态。

3. 列表显示区

列表显示区显示满足查询条件的登录日志记录信息,显示内容主要包括登录名称,用户名称,成功标记,用户 IP,登录时间段。

4. 功能菜单区

功能菜单区提供翻页、页面显示记录数量及导出功能。翻页功能支持前翻页、后翻页,以及手动输入页码跳转页码。每页显示记录数量为下拉列表,可以选择每页显示 10、20、50、100、200 条或者全部记录。导出功能可以将记录打印或导出文件保存到本地,导出文件可以为 xls、csv 文件。

4.3.2.2.2 操作日志

操作日志界面如下图所示:

整个界面从上到下划分为 4 部分,分别为查询条件区、按钮区、列表显示区和功能菜单区。

1. 查询条件区

查询条件区是输入查询操作日志条件的区域,根据查询条件显示匹配的告警。查询条件包括:登录名称,用户名称,响应时间段,用户 IP,耗时时间范围,查询条件区查询条件默认显示全部。

2. 按钮区

按钮区包括查询与重置 2 个按钮,查询按钮的功能是查询与查询条件匹配的日志信息,并在列表显示区显示,重置按钮的功能是将输入的查询条件恢复为初始状态。

3. 列表显示区

列表显示区显示满足查询条件的登录日志记录信息,显示内容主要包括登录名称,用户名称,用户 IP,请求 URL,响应时间,耗时,操作描述。

4. 功能菜单区

功能菜单区提供翻页、页面显示记录数量及导出功能。翻页功能支持前翻页、后翻页,以及手动输入页码跳转页码。每页显示记录数量为下拉列表,可以选择每页显示 10、20、50、100、200 条。导出功能可以将记录打印或导出文件保存到本地,导出文件可以为 xls、csv 文件。

4.3.2.2.3 Sql 日志

整个界面从上到下划分为 4 部分,分别为查询条件区、按钮区、列表显示区和功能菜单区。

1. 查询条件区

查询条件区是输入查询操作日志条件的区域,根据查询条件显示匹配的告警。查询条件包括:登录名称,用户名称,是否成功,用户 IP,Sql 类型,响应时间段,耗时时间范围,Sql 内容。查询条件区查询条件默认显示全部。

2. 按钮区

按钮区包括查询与重置 2 个按钮,查询按钮的功能是查询与查询条件匹配的日志信息,并在列表显示区显示,重置按钮的功能是将输入的查询条件恢复为初始状态。

3. 列表显示区

列表显示区显示满足查询条件的登录日志记录信息,显示内容主要包括登录名称,用户名称,用户 IP,Sql 内容,响应时间,耗时,类型,是否成功。

4. 功能菜单区

功能菜单区提供翻页、页面显示记录数量及导出功能。翻页功能支持前翻页、后翻页,以及手动输入页码跳转页码。每页显示记录数量为下拉列表,可以选择每页显示 10、20、50、100、200 条或者全部记录。导出功能可以将记录打印或导出文件保存到本地,导出文件可以为 xls、csv 文件。

4.3.2.3　接口记录管理

4.3.2.3.1　质控接口同步

质量检查结果查询如下:

整个界面从上到下划分为 4 部分,分别为查询条件区、按钮区、列表显示区、功能菜单区。

1. 查询条件区

查询条件设有状态、站号、质控时间。

2. 按钮区

(1)全选—选择当前列表全部记录;

(2)取消—取消全选;

(3)批量同步—选择多条记录进行同步,接受国家质控结果;

(4)查询—按照所选查询条件进行查询并将结果显示在列表区;

（5）重置—初始化查询条件。

3. 列表显示区

作用是显示查询出来的质控信息。操作包含浏览、异议、同步三种。其中点击浏览可以打开该条记录的详细信息。

点击异议，打开一个新的窗口，用户可以选择人工确认结果以及填写人工确认说明，点击确认异议，对国家局质控结果提出异议，上报国家局。

点击同步，表示接受国家局质控结果，该条记录状态变为'已同步'。

4. 功能菜单区

（1）翻页功能：第一页、上一页、下一页、最末页；

（2）页码输入：直接输入要查看的页码，点击右箭头或者按回车，直接跳到该页；

（3）每页显示数据条数：10、20、50、100、200、全部；

（4）导出文件：xls 文件、csv 文件、pdf 文件、打印功能。

4.3.2.3.2 供应接口同步

供应信息接口记录图如下：

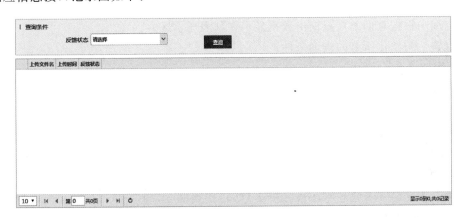

整个界面从上到下划分为 3 部分，分别为查询条件及按钮区、列表显示区、功能菜单区。

1. 查询条件及按钮区

（1）查询条件设有反馈状态；

（2）查询—按照所选条件进行查询并将结果显示在列表区，默认条件查询所有记录。

2. 列表显示区

作用是显示查询出来的供应接口记录信息。

3. 功能菜单区

（3）翻页功能：第一页、上一页、下一页、最末页；

（4）页码输入：直接输入要查看的页码，点击右箭头或者按回车，直接跳到该页；

（5）每页显示数据条数：10、20、50、100、200、全部；

（6）导出文件：xls 文件、csv 文件、pdf 文件、打印功能。

4.3.2.3.3 站网接口同步

站网信息接口记录图示如下：

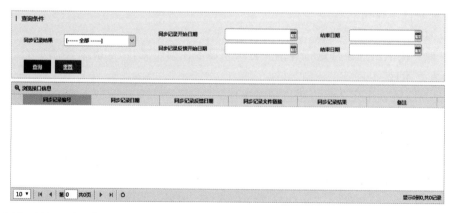

整个界面从上到下划分为 4 部分,分别为查询条件区、按钮区、列表显示区、功能菜单区。

1. 查询条件区

查询条件设有上传开始时间、上传结束时间、反馈状态。

2. 按钮区

(1)查询—根据查询条件查询出数据显示在列表显示区;

(2)重置—初始化所有的查询条件。

3. 列表显示区

作用是显示查询出来的站网信息。

4. 功能菜单区

(1)翻页功能:第一页、上一页、下一页、最末页;

(2)页码输入:直接输入要查看的页码,点击右箭头或者按回车,直接跳到该页;

(3)每页显示数据条数:10、20、50、100;

(4)导出文件:xls 文件、csv 文件、pdf 文件、打印功能。

4.3.2.3.4　停机通知

停机通知接口记录图示如下:

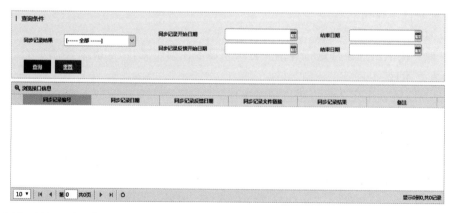

整个界面从上到下划分为 4 部分,分别为查询条件区、按钮区、列表显示区、功能菜单区。

1. 查询条件区

查询条件设有同步记录结果、同步记录开始日期及结束日期、同步记录反馈开始日期及结束日期。

2. 按钮区

(1)查询—根据查询条件查询出数据显示在列表显示区；

(2)重置—初始化所有的查询条件。

3. 列表显示区

(1)作用是显示查询出来的停机通知记录；

(2)操作中浏览接口信息可对详细信息进行显示。

功能菜单区

(1)翻页功能：第一页、上一页、下一页、最末页；

(2)页码输入：直接输入要查看的页码，点击右箭头或者按回车，直接跳到该页；

(3)每页显示数据条数：10、20、50、100、200、全部；

(4)导出文件：xls 文件、csv 文件、pdf 文件、打印功能。

4.3.2.3.5 故障单

故障单接口记录图示如下：

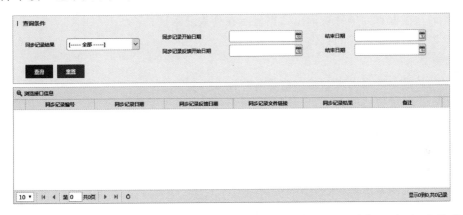

整个界面从上到下划分为 4 部分，分别为查询条件区、按钮区、列表显示区、功能菜单区。

1. 查询条件区

查询条件设有同步记录结果、同步记录开始日期及结束日期、同步记录反馈开始日期及结束日期；

2. 按钮区

(1)查询—根据查询条件查询出数据显示在列表显示区。

(2)重置—初始化所有的查询条件。

3. 列表显示区

(1)作用是显示查询出来的站点信息。

(2)操作中浏览接口信息可对详细信息进行显示。

4. 功能菜单区

(1)翻页功能：第一页、上一页、下一页、最末页

(2)页码输入：直接输入要查看的页码，点击右箭头或者按回车，直接跳到该页

(3)每页显示数据条数：10、20、50、100、200、全部

(4)导出文件：xls 文件、csv 文件、pdf 文件、打印功能。

4.3.2.3.6　维护单

维护单接口记录图示如下：

整个界面从上到下划分为 4 部分，分别为查询条件区、按钮区、列表显示区、功能菜单区。

1. 查询条件区

查询条件设有同步记录结果、同步记录开始日期及结束日期、同步记录反馈开始日期及结束日期。

2. 按钮区

（1）查询—根据查询条件查询出数据显示在列表显示区；

（2）重置—初始化所有的查询条件。

3. 列表显示区

（1）作用是显示查询出来的站点信息；

（2）操作中浏览接口信息可对详细信息进行显示。

4. 功能菜单区

（1）翻页功能：第一页、上一页、下一页、最末页；

（2）页码输入：直接输入要查看的页码，点击右箭头或者按回车，直接跳到该页；

（3）每页显示数据条数：10、20、50、100；

（4）导出文件：xls 文件、csv 文件、pdf 文件、打印功能。

4.3.2.4　公告内容管理

4.3.2.4.1　公告内容管理

公告内容管理图示如下：

(a)

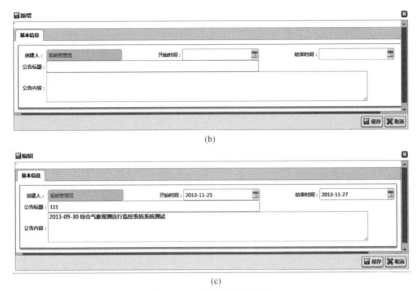

(b)

(c)

图 4.22 公告编辑页面

Ⅰ.查询

查询页面如图示 4.22(a)所示。整个界面从上到下划分为 4 部分,分别为查询条件区、按钮区、列表显示区、功能菜单区。

1. 查询条件区

查询条件设有录入时间(起/至)与创建人。

2. 按钮区

(1)查询—根据查询条件查询出数据显示在列表显示区;

(2)重置—初始化所有的查询条件;

(3)新建—进入新建页面。

3. 列表显示区

作用是显示查询出来的站点信息。

4. 功能菜单区

(1)翻页功能:第一页、上一页、下一页、最末页;

(2)页码输入:直接输入要查看的页码,点击右箭头或者按回车,直接跳到该页;

(3)每页显示数据条数:10、20、50、100;

(4)导出文件:xls 文件、csv 文件、pdf 文件、打印功能。

Ⅱ.新建

新建页面如图 4.22(b)所示。由图 4.22(a)中新建按钮进入新建页面。整个界面从上到下划分为两部分,分别为信息编辑区与按钮区。

1. 信息编辑区

所有信息新建页面,带有红色"＊"号标识的为必填项,如若不填写,将会提示友好信息且不能保存成功;

2. 按钮区

(1)保存—验证所有必填写项,如若不通过,则提示友好提示信息,反之则进行保存操作,操作成功会进行保存成功提示；

（2）关闭—关闭新建对话框。

Ⅲ.编辑

新建页面如图 4.22(c)所示。由图 4.22(a)中查询出列操作中编辑链接中进入编辑页面。整个界面从上到下划分为两部分，分别为信息编辑区与按钮区。

1.信息编辑区

所有信息编辑页面，带有红色"＊"号标识的为必填项，如若不填写，将会提示友好信息且不能编辑成功；

2.按钮区

（1）保存—验证所有必填写项，如若不通过，则提示友好提示信息，反之则进行编辑操作，操作成功会进行编辑成功提示；

（2）关闭—关闭新建对话框。

Ⅳ.删除

由图 4.22(a)中查询出列操作中删除链接进行删除。

4.3.3　站点人员配置

1.站点人员配置位置在站网信息——站网人员管理——站点人员配置，选择树形菜单下的一个台站，选择分配人员。

2.也可以通过站点类型来筛选，只对一种装备类型的站点分配人员。

3.点击分配人员，选择人员，单击向右的箭头按钮即可将人员分配到已授权用户组，分配到站点的用户就是这个站点的负责人，告警的消息例如短信提醒，如果这个台站出现告警需要短信通知那么他就会收到信息。

4. 取消已授权用户的方式和授权相反只需取消勾选保存即可。

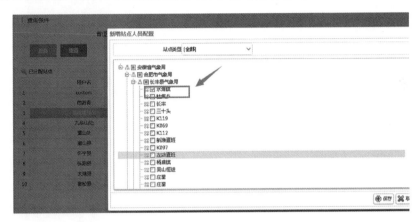

5. 点击已分配站点按钮即可查看已经分配的站点信息。

4.3.4 站点告警配置

1. 站点告警配置的位置在站网信息——站点告警配置。默认是查询所有站点类型的所有告警类型的数据。

2. 可以选择一种站点类型,配置该类型站点的告警类型只需勾选或取消勾选即可,系统会自动保存,如果生成报警信息,系统会自动以已选择的方式推送信息。

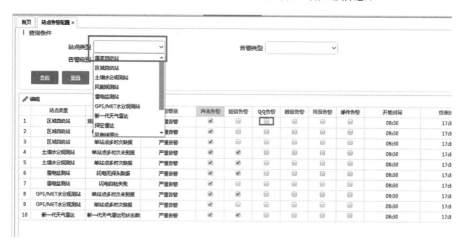

3. 也可以对告警类型进行筛选进行更精确的配置,编辑按钮可以修改告警的级别,开始时间和结束时间,进行更全面的配置。编辑对话框单击保存即可保存修改信息。

4.3.5 站点通用配置

站点通用配置的位置在站网信息——站点通用配置,站点通用配置可以控制采集程序的采集频率、历史数据表的保存天数,以及历史数据文件的保留天数。下图以国家站为例:

4.3.6　角色权限管理

4.3.6.1　创建用户

1. 以系统管理员身份登录

2. 选择系统管理——权限管理

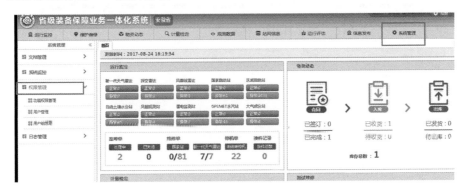

3. 选择用户管理

4. 选择新建,弹出新建对话框,新建用户不需要设置密码,系统会默认创建密码 111

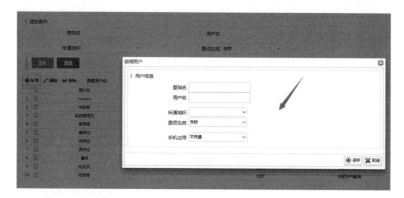

5. 填写登录名、用户名、选择所属权限

6. 选择用户有效性,选择用户所在组织机构

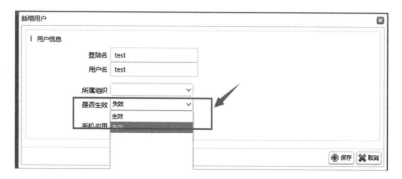

7. 点击保存后可以查询刚刚建立的用户

8. 如需修改密码,使用当前账号登录后,单击右上角设置来修改密码补全个人信息

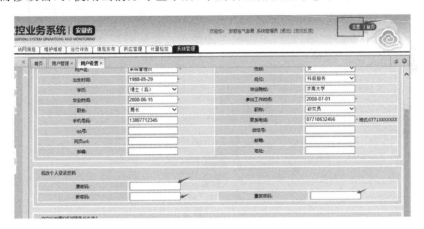

4.3.6.2　配置用户组

1. 找到在上一步建立的用户单击配置用户组

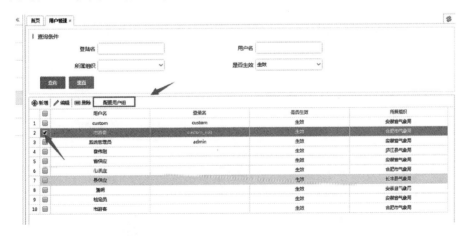

2. 点击后的弹窗里会看到预先分配的用户组,这个是根据用户所在组织有哪些装备,或者说哪些装备的站网信息属于这个组织,那么就预先分配给这个用户对应的权限的用户组。

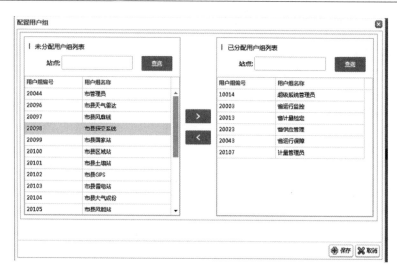

3. 可以通过选中左面的用户组，单击向左的箭头按钮来将想要的权限分配给当前用户

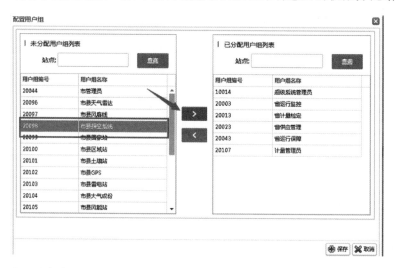

4. 相反，可以选中右面的用户组点击向右的箭头移除要对当前用户取消的权限

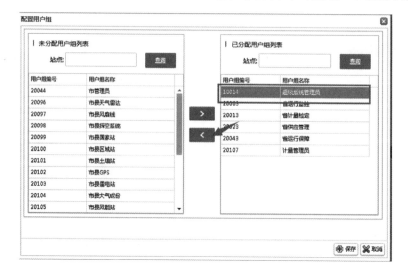

4.3.6.3 新建用户组

1. 选择用户组管理——单击新建,弹出新建用户组窗口,填写用户组名称。

2. 点击查询可以查看到刚才新建的用户组。

3. 点击配置权限。

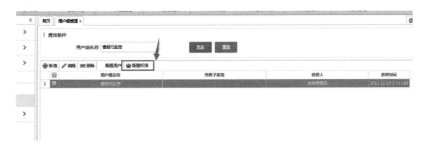

4. 可以勾选想要为改用户组分配的权限,保存后这个用户组就是拥有自定义权限的用户组。

5. 用户可以增加需要的权限的用户组,同样用户组也可以选择哪些用户应该属于这个用户组的权限,选择配置用户。

6. 添加用户到用户组及取消用户方式同用户分配用户组类似的方法。

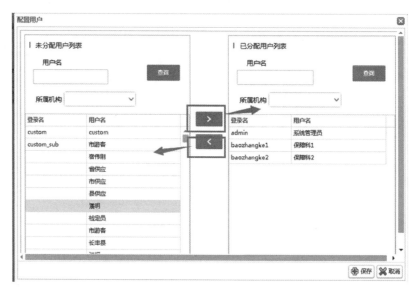

7. 修改已有用户组的权限及分配的人员方法同新建用户组时方法一致。

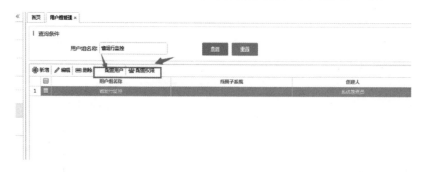

5 常见问题解答

5.1 运行监控问题

5.1.1 GPS 设备系统无观测数据

GPS/MET 水汽解算需要专用程序，ASOM 的监控只是对水汽的 O、N、M 文件作格式、内容检查，文件内容能结算即可，不结算具体数据值和检查（国家局未提供相关算法），所以未有"观测数据"。

5.1.2 天气雷达简版详细版区别

【疑问】：

1. 该页面和"运行时序图详细版"的全选查询结果怎么会不一致呢？

2. 查询页面中"半蓝半绿点"代表什么意思？

【回答】：

序列图设计为左键点击查看详细信息，详细版与简版区别是：雷达状态多了，非汛期观测，详细版显示雷达实际情况，简版显示按照观测规范雷达运行情况（即只显示 10：00—15：00，其他时间按无数据处理）。

5.1.3 误报小时降水量缺测

【原因分析】：

1.北方的区域自动站降水观测时间 04—10 月、区域自动站全部没有安装称重式降水设备；

2.站网信息管理—区域自动气象站管理页面：查询报警站点的站网信息，雨量观测时间选择的是 04—10 月，称重式降水传感器：否。

【疑问】：

1.为什么设置了降水观测时间且称重式降水传感器选择了【否】，为何会出现如此多的报警信息？报警信息是如何生成的？

2.该报警信息与哪些设置有关，如何解决？

3. 内蒙古的区域站，能否帮忙全部从数据表中将降水观测开始时间全部设置为 04、降水观测结束时间全部设置为 10？

【回答】：

1. 设置降水观测时间等站点参数后，需要重启数据采集机的服务程序才能生效（系统每周会自动加载一次）。报警信息是 ASOM2.0 新增的功能，原本是想实现故障自动判断，但现在看困难重重，通过数据很难做到自动报警，报警虚警、漏报较多。同时，国家局未提供故障判断算法，仅提供了自动站的评估故障算法（注意：仅是评估需要，并且不能修改，维持全国一个标准），目前系统报警信息有通过评估故障算法生成、有通过站网观测要素生成、有通过系统管理中的配置配置生成（如土壤水分站），来源较为复杂，并且国家局没有提供相关算法，是试点省份专家提供的。目前看，报警信息仅供参考，还是需要各省再应用进行过滤和分拣。最终目标还是通过状态＋数据的办法进行（中医＋西医方式）。

2. 报警信息设置较为复杂，自动站的算法国家局提供，不能修改，其他的可以从中进行。

5.1.4 自动站误报要素缺测

如果要素缺测一直出现，请核对站网信息，是否该站不观测此要素却在站网信息里配置了观测。站网信息修正后下一时次即可恢复正常，如果是雨量缺测，先核对站网信息再参考下一条。

5.1.5 区域站基础信息维护

1. 区域站站网信息管理比较麻烦，目前主要工作要点有，系统初始化导入站点表需要从观测处拿到同国家局一致的信息表，其次在运行过程中变化的表，建议指定时间段（如每月 29 日）修改，此功能系统可以配置，由市县级管理员进行，他们更清楚每个站的情况。对于考核是个问题，省级考核同国家级考核站点数量、正式运行时间不同步，造成实际操作中有很多困难，临时可以通过修改站点属性，如：省级考核等进行。

2. 可以通过两种方式进行，一是交由市县保障管理员，他们熟悉自己的站点，自己从站网中进行修改（规定时间段内），二是导出，指 Execl 通过 VLOOKUP 函数进行挑选，对多余的站点按站号排序后，删除。

5.1.6 站网信息—维保单位无层级结构

1. 设备故障等问题第一归口是从站网信息所属组织机构确定，站网中的维保单位是为了各省自己开发社会化保障管理系统预留接口的，无功能意义。

2. 组织机构表就是按照树状进行分类的，可以编辑。

5.1.7 自动站要素缺测未提示告警

根据 2015 年 7 月下达的评估方法如下：

1. 国家级台站自动气象站观测要素缺测检查内容

观测项目	要素名称
风	当前时刻的 2 分钟风向
	当前时刻的 2 分钟平均风速
	当前时刻的 10 分钟风向
	当前时刻的 10 分钟平均风速
	每 1 小时内 10 分钟最大风速的风向
	每 1 小时内 10 分钟最大风速
	当前时刻的瞬时风向
	当前时刻的瞬时风速
	极大风速的风向
	极大风速
降雨	指定时段内的雨量累计值
气温	当前时刻的空气温度
	每 1 小时内的最高气温
	每 1 小时内的最低气温
湿度	当前时刻的相对湿度
	每 1 小时内的最小相对湿度值
	当前时刻的水汽压值
	当前时刻的露点温度值
气压	当前时刻的本站气压值
	每 1 小时内的最高本站气压值
	每 1 小时内的最低本站气压值
	当前时刻的海平面气压值
地温	当前时刻的地面温度值
	每 1 小时内的地面最高温度
	每 1 小时内的地面最低温度
浅层地温	当前时刻的 5 厘米地温值
	当前时刻的 10 厘米地温值
	当前时刻的 15 厘米地温值
	当前时刻的 20 厘米地温值

2. 区域自动气象站观测要素缺测检查内容

观测项目	要素名称
风	当前时刻的 2 分钟风向
	当前时刻的 2 分钟平均风速
	当前时刻的 10 分钟风向
	当前时刻的 10 分钟平均风速
气温	当前时刻的空气温度
	每 1 小时内的最高气温
	每 1 小时内的最低气温
相对湿度	当前时刻的相对湿度
	每 1 小时内的最小相对湿度值
气压	当前时刻的本站气压值
	每 1 小时内的最高本站气压值
	每 1 小时内的最低本站气压值
地温	当前时刻的地面温度值
	每 1 小时内的地面最高温度
	每 1 小时内的地面最低温度
降雨	每 1 小时雨量累计值

说明：不同区域站观测要素不同，考核内容根据站点实际观测要素确定。即不在以上要素范围之内的观测要素不判断缺测，如果在此范围内缺测漏报，请联系厂家。

5.1.8　天气雷达运行评估结果差距较大

请先确认是否近期修改过天气雷达的汛期观测时间，如果近期修改过请联系厂家做特殊处理。汛期观测时间是针对国家考核时间定制的，如果省级要求观测时间多于国家局要求，也请不要修改汛期时间。运行评估结果是要上报给国家局的，是按照国家标准定制的。所以省级即使想要非观测时间监控，请使用详细版时序图或详细版 gis 地图，详细版是根据台站开关机监控的。

5.2　运行评估影响因素问题

到报情况：就是运行监控菜单下个装备的时序图，是否都是绿色，也就是说，对应时次是否全天无缺报。

数据报文质量：也是在各装备时序图上反映，是否有除了绿色和缺报外的其他颜色，可点击时序图的点查看观测数据以及维护维修单据。

5.2.1　天气雷达影响评估结果的因素

报文到报情况，是否有缺报的时次，如果有缺报的时次会对整个月份的业务可用性评估结果造成评估结果变低的结论。

故障时间,如果出现故障,填写故障单,停机通知,平均无故障时间缩短整体业务可用性评估结果降低,即雷达出现故障业务可用性评估降低。

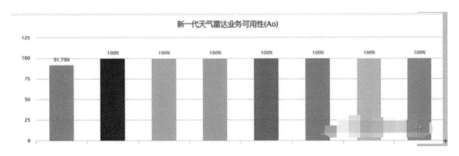

5.2.2 自动站影响评估结果的因素

报文到报情况,是否有缺报的时次,如果有缺报的时次会对整个月份的业务可用性评估结果造成评估结果变低的结论。

报文格式是否正确、观测要素是否有漏缺补全的情况,再就是数据通过质控判断超出限定范围导致出现数据错误的问题都是导致运行评估结果变低的原因。

5.3 供应管理问题

5.3.1 合同找不到设备怎么办

问:录入合同或计划时明细列表中设备型号找不到怎么办?

答:首先,在"设备类型查看"页面根据所需设备的大中小分类逐层展开设备分类树形菜单,查看所需设备在系统中的正式名称,然后在录入合同或计划时在明细列表里输入设备名称或名称汉语拼音的首字母,即可找到所需设备。

例:如下图。若需查找"DSD2 采集系统(中环天仪)—DZZ2"这种设备,只需在设备类型中展开组件—地面观测仪器—采集系统,即可看到"DSD2 采集系统(中环天仪)—DZZ2"。

确定设备名称后在新增计划页面即可使用"DSD2"、"采集系统"、"cjxt"、"DZZ2"等关键字进行查找。

若"设备类型查看"的设备列表里不存在所需设备,则需上报至省局,待添加设备型号后再进行操作。

5.3.2　合同、计划问题

问:新增合同时选不到计划是什么原因?

答:计划尚未审批。

问:采购入库时选不到合同是什么原因?

答:合同尚未签订。

问:计划或者合同制定错误怎么处理?

答:计划未审批时,合同未签订时均可修改删除。

问:计划已审批或者合同已签订之后发现做错了怎么办?

答:已审批的计划和已签订的合同均为不可修改的内容,请在制定审批环节慎重操作。

5.3.3 账单管理问题

问:国家调拨的装备怎么入库?

答:可以新建一个总价 0 元的合同,后续正常操作即可。

问:厂家生产的设备未贴条码,怎么入库?

答:采购入库单编辑完成后入库时不使用扫码识别功能,直接点击入库按钮,系统会按照编码规范自动生成设备条码。之后可以使用条码打印功能将自动生成的条码打印成标签粘贴在设备上。

问:省级调拨装备市级怎么入库?

答:请见 4.2.4 设备流转方式入库流程。

问:装备送检怎么操作?

答:县级送到市级,市级送到省级检定机构。详见 4.2.5.2 送检出库流程、4.2.5.3 待检入库流程。

5.3.4 条码打印机配置说明

Godex 型号条码打印机配置

控制面板→打印机→选择 Godex 打印机,右键打印首选项。

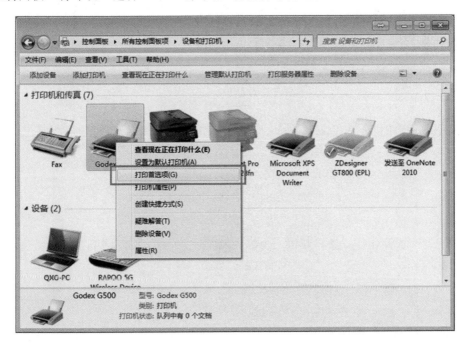

在首选项页面点击新建→编辑卷名称填写"58×27"宽度填写"58.00mm"高度填写"27.00mm"点击确定。

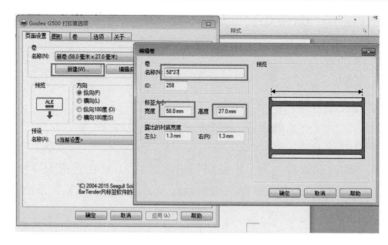

完成打印首选项设置。

登录省级装备保障业务一体化系统打印二维码功能,点击打印,选择打印机 Godex G500 打印机,点击"属性"按钮,在属性页面选择上一步新增的卷属性"58.00mm×27.00mm",点击确定(只需首次使用时选择)。

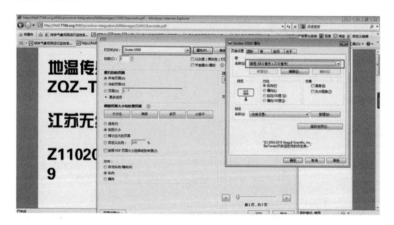

控制面板→打印机→选择 ZDesigner GT800(EPL)打印机,右键打印首选项。

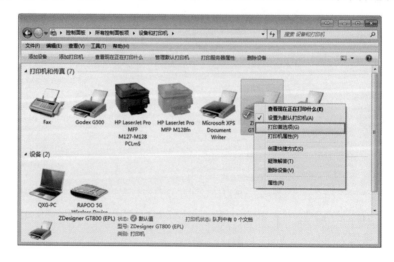

在打印首选项页面中单位默认选择"cm",尺寸 width 填写"5.80",height 填写"2.70",点击确定。

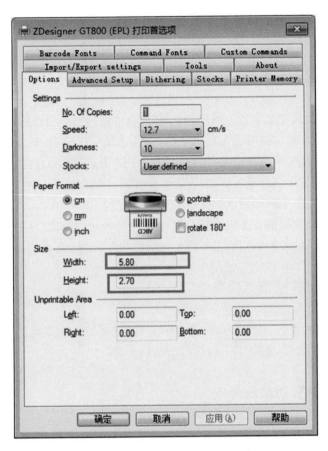

完成打印首选项设置。

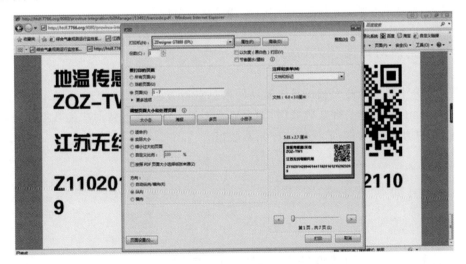

登录省级装备保障业务一体化系统打印二维码功能,点击打印,选择打印机 ZDesigner GT800 (EPL)打印机打印就可以。

5.4 站网信息涉及影响方面的常见问题

5.4.1 站网信息对天气雷达的影响

天气雷达站网信息设置了设备的型号,由于各厂家的雷达型号和报文对应,如果厂家型号设置的不正确,即使找到了对应站号的报文也不会正确解析,因为不同的厂家型号有不同的报文格式,就会导致时序图无法显示当前设备的运行状态。还有比较重要的信息就是雷达的汛期日期和汛期开机时间,如果这个信息不正确,时序图不会按照正确的汛期日期及开机时间显示雷达运行状态。需要注意的是由于时序图数据是提前初始化好的,如果短时间内修改站网信息不会立即生效等到下一个初始化周期才会应用新的设置,这个修改可以在需要生效前提前修改,具体联系维护人员。站网信息的考核级别如果不需要将维护维修单据上传的国家局,请选择省级考核。

5.4.2 站网信息对探空雷达的影响

探空雷达站网信息设置,除了需要注意厂家型号,重要的是观测时次,正确填写观测时次,时序图才会在正确时间显示探空雷达的运行情况。

5.4.3 站网信息对自动站的影响

自动站站网信息的设置,除了基本信息以及上面提到厂家型号外,还有观测要素的正确填写,由于要素填写错误导致时序图错误从而会导致运行评估结果降低。站网信息的考核级别如果不需要将维护维修单据上传的国家局,请选择省级考核。

5.4.4 站网信息对数据表改动的影响

在查询列表中展示的站网数据可以对站网信息进行查看,编辑,删除等操作,请注意站网信息为系统中运行使用的关键基础数据,如果随意更改或删除将导致对应的数据丢失,无法再进行监控及维护维修等操作,请谨慎修改站网数据。

5.5 维修单据常见问题

5.5.1 省级一体化与测试维修平台对接如何使用

1. 市县用户通过送修出库将损坏设备送修至省级保障科。

2. 省级保障科用户接收市县级用户送修来的设备。

3. 省级保障科通过测试维修平台维修损坏的设备。

5.5.2　维护维修单上传失败

【失败原因 1：】台站号错误，国家站无该台站。

【解决办法：】国家站无该台站，确认核实该站点是否存在。

【失败原因 2：】同一时间段存在维护单。

【解决办法：】将时间尽可能地向前调整查找，如果是之前无用的单据，删除；如果是有用的单据，并且 ASOM2.0 上已经关闭，将国家局未关闭的单据在 ASOM2.0 上重新编辑，保存。

【失败原因 3：】国家局服务停掉。

【解决办法：】待国家局正常之后可以手动上传。

【失败原因 4：】国家局有未关闭的故障单。

【解决办法：】将时间尽可能的向前调整查找，如果是之前无用的单据，删除；如果是有用的单据，并且 ASOM2.0 上已经关闭，将国家局未关闭的单据在 ASOM2.0 上重新编辑，保存一遍；

全部上传国家局必须保证考核级别是【国家局考核】，如果改成【省级考核】等是不会上传国家局的。

【失败原因 5：】可能已经有了同一个时间的停机通知单。

【解决办法：】请上国家局查看，是不是之前有未关闭的停机通知单，或者只是在省级 ASOM 上删除了单据，但国家局未删除的停机通知单，原因是国省两级的删除是单向不同步的

5.5.3　浏览器兼容问题

由于市场现有浏览器种类繁多，各个浏览器都有所不同，所以项目开发前期我们约定的浏览器为谷歌、火狐、IE 11 以上版本浏览器，为了达到较好的使用体验，请使用以上提供的浏览器访问服务以免产生兼容性问题，影响使用。

5.5.4　停机单什么情况要填写，什么情况必须填写

国家业务规定天气雷达，风廓线雷达在做维护或者故障维修时发生停机状况必须填写停机通知，而且根据发生的事件填写维护单和故障单。

其他设备在做维护、维修时可以不填写停机单，但年巡检需要填报。

5.5.5　雷达填写维护单、故障单时无法选择停机通知

对于无法选择停机通知的情况，可以通过以下三点来排查：

1. 停机通知的台站是否和维护单或故障单的一致排除台站选择错误的情况。

2. 停机类型如果为维护单则停机类型为维护性停机，如果为故障单那么停机类型为故障维修停机，这就是说，一定要对应的停机类型与对应的单据类型相对应才可以。

3. 时间的填写,一定是先停机再进行维护和故障处理,所以停机通知的时间一定要包含维护单或故障单的时间,即维护单或故障单的时间要在停机通知的范围内才可以。

5.5.6　国家站、雷达、区域站这么多设备每天都要填维护单吗?

按照 2015 年国家局对 7 个试点省的要求来看,国家站,天气雷达,风廓线雷达这三类设备,用户需要按时做日巡查,周维护,月维护,年维护。而且必须要在省级 ASOM2.0 上填写维护单。每月国家局会对这几类设备的维护单据做统计评估。

所以综上所述,国家站,天气雷达,风廓线,这三类设备维护单必须按时填,例如日巡查每个站就得一天一个。

其他设备,根据省级自己要求,我们建议如果台站人员做了维护工作那就填,没做不填。比如现在区域站无日巡查,但是有月维护,那就在系统填写月维护单,不填写日巡查。

5.5.7　设备有数据缺报必须要填故障单吗?

故障单其实更应该叫做维修单,它更突出的概念是维修记录,而不是单纯的故障记录,所以,故障单填写只有在确确实实做了维修工作时再进行填写故障单。

像国家站、天气雷达、风廓线雷达,国家考核非常严谨,如有问题肯定有人对其进行维修处理,按实际情况填写即可。

其他设备,考核力度不一,例如区域站发生异常,很可能过了很久才去维修,那就在维修的时候再填写故障单。

5.5.8　维护维修单据的结束时间不填的影响以及何时该填写结束时间

不填单据的结束时间,因为例如停机通知有时候可能不知道何时会结束停机的时间,那么停机时间就不能填写,系统中也考虑到这种情况所以停机结束时间不是必填项。不填写结束时间的意义在于该停机通知的持续时间是从开始一直延续到以后,简单的说,就是没有结束的时候一直在停机。这样会导致该装备一直处于停机状态,其他人无法再填写该台站的停机通知。

那么何时该填写结束时间呢?根据具体业务停机真实结束的时候就要填写停机通知了。再一个就是,如果关闭了故障单,那么在关闭故障单的时候,系统会检查对应的停机通知,如果发现停机通知的结束时间没有填写,会提示填写停机通知的结束时间。

5.6　计量检定常见问题

5.6.1　省级一体化和 3MS 对接后如何使用

1. 市县用户通过送检出库将待检设备送检至省级计量检定所。

2. 省级检定所用户接收市县级用户送检来的设备。

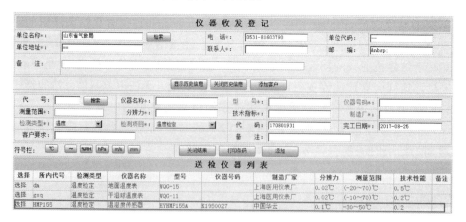

3. 省级检定所通过 3MS 系统检定待检的设备。

5.6.2　计量用户在省级一体化中看不到计量模块或点击弹出用户名密码错误

1. 登录者关联的计量检定用户错误。

在下述页面中：

2. 登录者如果未关联计量检定关联用户的话,会发生登录用户名密码错误信息。
修改方法:点击用户配置按钮,在下述页面中设定关联账户即可。

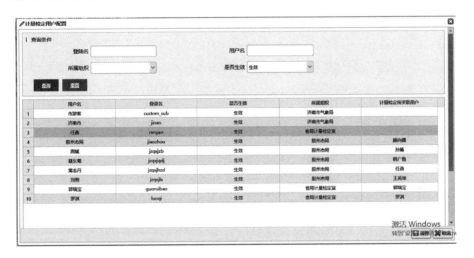